JN296539

サクラソウの目

繁殖と保全の生態学　第2版

鷲谷いづみ

地人書館

目次

8章　サクラソウをめぐる生き物のネットワーク

個性豊かな花の顔

花茎の長さ，花びらの形や色の濃淡など，
サクラソウの花にはさまざまな変異がみられる．
花の中心にある目の表情が豊かだ．
ぱっちりとした目，涼やかな目もあれば，
やや眠そうな目をしているものもある．

サクラソウの仲間たち

日本には14種，変種を含めると20種類ほどのサクラソウ属の植物が自生する．その多くの生育場所は，高山や山地，寒冷地などであるが，サクラソウだけが暖温帯の低地にまで広く分布する．

めずらしい白いサクラソウ

ハクサンコザクラ

エゾコザクラ

ミチノクコザクラ

カッコソウ

ヒナザクラ

園芸品種の数々

江戸時代の粋人は
サクラソウの花見を楽しむとともに、
数々の品種をつくり出した。
そのうち約三百品種が
現代にも受け継がれ、
実生からの新しい品種も
次々に生み出されている。

上から，「梅ヶ枝」「芙蓉」「豊旗雲」

上から，「旭鶴」「吹上桜」

文化としてのサクラソウ

サクラソウの花の多様性は美術作品のなかにも表現されている。濃い紅色から薄い紅色まで、微妙な色合いが入り混じって咲く様子が描き出されている。

園芸品種の展示方法「桜草花壇」.
組み立て式の瀟洒な花壇に花を並べて飾る.

尾形光琳「四季草花図小屏風」

中村芳中「花鳥人物図扇面貼交屏風」

花の秘密

サクラソウの花には，めしべが長くおしべが短い長花柱花と，
めしべが短くおしべが長い短花柱花の２種類のタイプの花が存在する．
こうした性質を「異型花柱性」という．
異型花柱性は種子植物のなかでもめずらしい繁殖の仕組みで，
花の進化を考えるうえで重要な性質である．

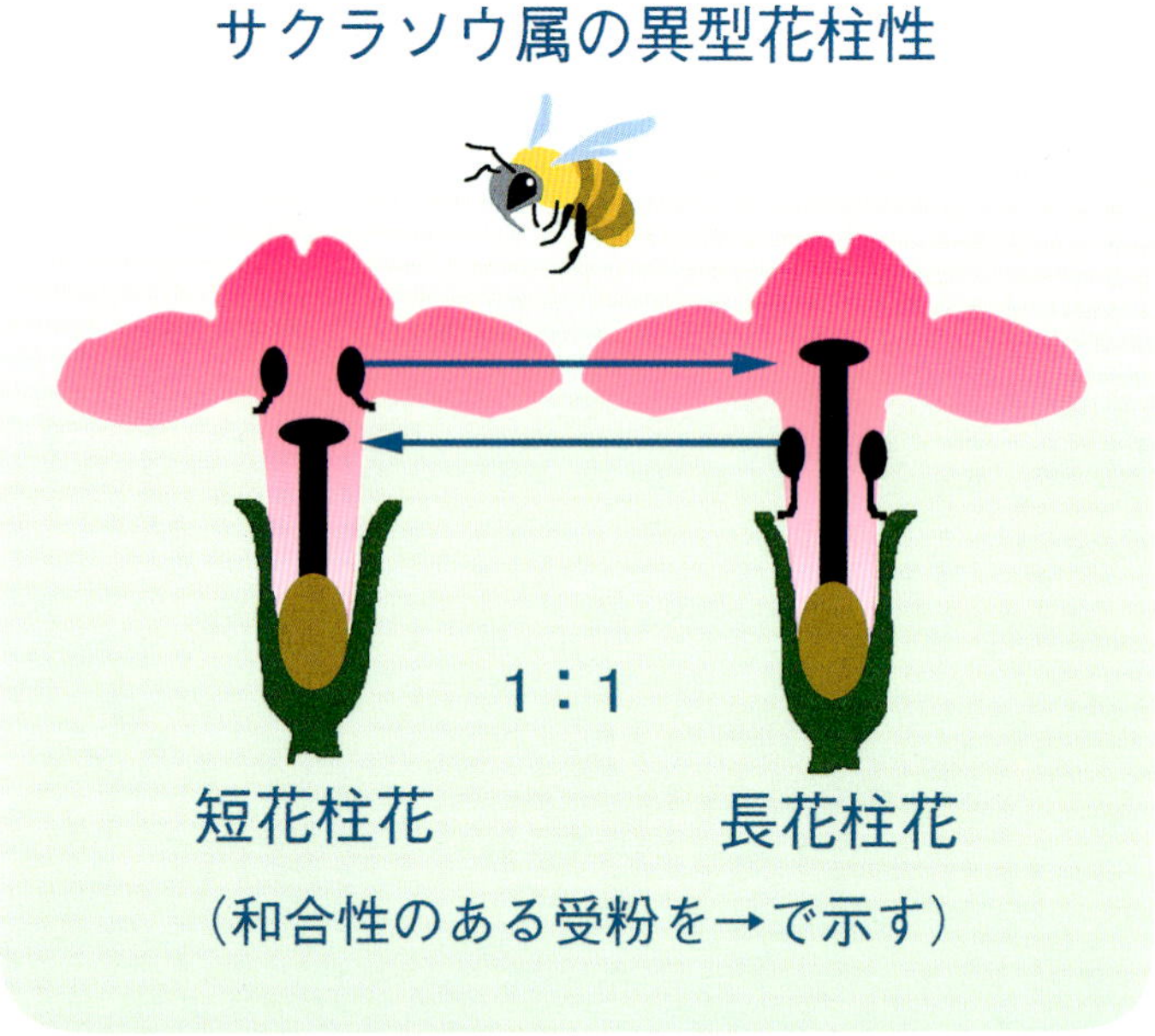

長花柱花の柱頭（左）と短花柱花の柱頭（右）．小さな花粉は長花柱花のもの，大きな花粉は短花柱花のもので，異なるタイプの花の間で授粉が行われたときのみ，花粉管が正常に発芽する．

トラマルハナバチの女王の花

異なるタイプの花どうしでの花粉のやりとりは，
ポリネータである昆虫を介してはじめて可能になる．
トラマルハナバチの女王は，
サクラソウにとってかけがえのないポリネータだ．

トラマルハナバチが訪れた花には
「つめあと」が残される．
花びらの傷は豊かな自然の証し．

本来の生育場所の一つであるカシワ林のなかに咲くサクラソウ.

カシワ林の春を彩るオオバナノエンレイソウとサクラソウ

保全と未来

今，多くの野草が受難の時を迎えている．わずかに残された生育場所を維持するとともに，失われた自然の修復・復元も大事な課題となっている．

プロローグ

ポインセチアやシクラメンの季節が過ぎ、陽ざしに春の気が感じられる頃、花屋さんの店先には色とりどりのプリムラの花が並ぶ。ジュリアン、ポリアンサ、オブコニカ……、みな外国からやって来たサクラソウの仲間たちだ。街角でも公園でも窓辺でも、色とりどりのプリムラの園芸品種が私たちの目を楽しませ、春へのあこがれを感じさせてくれる。

けれども、私たちの祖先が春になると咲くのを待ちわびたプリムラの花、野に咲くサクラソウの花を、私たちは今ではめったに目にすることができない。サクラソウは絶滅が心配されるまでに衰退し、ごく限られた場所でだけ細々と命をつなぐ花になってしまったからである。

衰退の著しい野の花は、サクラソウだけではない。湿地や水辺に生育する野草の多くが、サクラソウと同じような運命をたどっている。しばらく前まではありふれた植物で保護など考える必要の全くなかった野草の多くが、今では絶滅危惧植物に指定されている。万葉の時代以来、私たちにとって最も身近な野草であったはずの秋の七草でさえ、フジバカマとキキョウが絶滅危惧植物となっているのである。

二〇〇〇年七月に発表された植物版レッドデータブック（環境庁、現 環境省）には、日本に自生するシダ植物・種子植物のうち、何と一六六五種もの植物が、絶滅危惧種としてリストアップされている。そして、そこには、サクラソウやフジバカマのように、しばらく前までは、ごく身近な野草だった植物が何種も含まれている。

私たちの心の花暦からはいつのまにか野の花が消え、園芸植物だけが季節を告げる花になってしまったが、このまま時が過ぎていけば、近い将来、心のなかからだけでなく、野の花自体がこの世から消え去ってしまいそうなのである。

一体なぜ、そのようなことになってしまったのだろうか。心のなかはともかく、何が野草の衰退を招いたのだろうか。

こうした問いに対する最もストレートな答えは、「野の花の窮状は、それが生きる場所と環境を奪うような、開発や環境の改変によって引き起こされた」というものになるだろう。特に、私たちヒトの生活域と水辺からは急速に自然が失われつつある。ようやくそのことに人々が気づき始めたが、その喪失の勢いはとどまるところを知らない。

例えば、湿った場所を好む野草の生育場所であった河原は、コンクリートで護岸されて狭められ、上流にダムができたり、流域が開発されることによって、その環境は大きく変わってしまった。さらに、河原にグラウンド、ゴルフ場、園芸植物の花畑などが造成され、野草が暮らせる場所自体がなくなった。

ヒトの生活域を流れる多くの川で岸辺に残された植生をつくっているのは、今では残念なことに、そのほとんどがセイタカアワダチソウ、アレチウリ、オオブタクサなどの外来植物である。ヨシ原やオギ原が残されていたとしても、植物の多様性を保つために欠かせない枯れヨシ刈りや萱《カヤ》刈り、野焼きなどの管理が行われなくなった。だから、地面には枯れたヨシやオギが積もってしまい、小さな野草は春になっても芽を出すことができない。

この数十年間、この国では、野草を追いつめるようなさまざまな行為が徹底して行われてきた。野草の暮らしに思いをいたす余裕もないままに。野の花から疎遠になった私たちの多くは、これほどまでに深刻な事態になるまで、野の花の窮状に気づかなかった。野の花は、まず、人々の心のなかから姿を消し、そして今、本当に消滅しかかっている。

今から二十年近く前、一九八七年頃であっただろうか。サクラソウの研究を始めてまもない私は、埼玉県浦和市（現 さいたま市）の田島ヶ原を研究フィールドとしていた。田島ヶ原のサクラソウ自生地は、国の特別天然記念物に指定されており、なかには保護区が設けられている。サクラソウは、立ち入りを禁じられた保護区の柵のなかで咲く。

花の時期に調査をしていると、柵のなかにおばあさんが正座してじっとサクラソウを眺めている。「柵のなかに入ってはいけないんですよ」と声をかけようとしたが、あまりに静謐《せいひつ》なおばあさんの姿にそれはためらわれた。

どのくらい瞬《とき》がたっただろうか、柵の外に出てきたおばあさんから次のような話を聞くことができた。

おばあさんは子供の頃（明治時代の終わり頃）、荒川の下流近くに住んでいた。荒川のほとりにはサクラソウが咲き敷く河川敷が広がっていた。春の景色は何ともいえないほどすばらしいものだった。河原にはカニもたくさんいた。今は下町に住むおばあさん、子供の頃に慣れ親しんだ河原の光景をふと思い出すと、無性にそれがなつかしくなった。いてもたってもいられなくなったおばあさんは、田島ヶ原にその面影がまだ残っているということを知って出かけてきたという。

柵のなかに入り、サクラソウの花の多いところに座って視線を低くすると、昔のサクラソウの野原にいるような心持ちになれた。この世から暇をとる前に、もう一度サクラソウの野原をみるのが夢だった。希望がかなったので、もう何も思い残すことはない……。

おばあさんは本当にうれしそうだった。話を聞きながら、私も昔のサクラソウの花盛りの野原をみたような気がした。

保護区は面積数ヘクタールと狭く、斜め上方には交通量の多い橋がかかっている。保護区のまわりにめぐらされている観察路を歩けば、確かにサクラソウの花をみることはできるが、サクラソウの咲き敷く野原の景色を楽しむことはできない。視野のなかに、道路橋だのダムのコンクリート建造物だの、せわしなく行き交うトラックや乗用車などがどうしても入ってしまうからである。だから、おばあさんは、昔のサクラソウの野原の雰囲気を味わうために、座り込んで視線を低くしなければならなかったのだ。

野の花が、人々の心のなかから先に消えたのか、風景のなかから先に消えたのか、また同時に消えていったのか、本当のところは私にはよくわからない。しかし、いずれにしてもそれら両方を同時に取り戻さなければならない！　ということを、強く意識したのがそのときであった。

今ではすっかり失われてしまった野草の生きる場所とともに、野草が生きるために必要な条件を取り戻さなければ、サクラソウやフジバカマやキキョウなどの野の花が、いつまでも私たちのまわりで咲き続けてくれることは望めない。それらが残されている場所を守るだけでなく、野草たちが健全な子孫を残すための適切な管理や援助も不可欠だろう。そのためには、野草たちが健全に成長し繁殖ができる環境について、つまり、それら野草たちの生態を、まず十分に理解しなければならない。

本書の目的の一つは、生物多様性の保全、つまり、生き物との共存の道を探るために、サクラソウをモデル植物として、野生の植物の健全な繁殖に必要な環境について考えることである。同時に、自然淘汰による進化の妙ともいえるサクラソウの花の不思議な性質、サクラソウと他の生物とのつながりのおもしろさ、かけがえのなさを、これまでの私の研究成果を通じて紹介してみたい。

かつて江戸時代の趣味人は、サクラソウの種子をまいて育てながら、さまざまな品種を取り出すことを楽しんだ。サクラソウは、生物の多様性のすばらしさ、もろさ、ヒトにとってのその価値、などを理解するうえで、またとない教材なのである。そして、野の花を心に置くヒトが増えれば、野の花の消滅も避けられるはずである。

本書の終わりの11章では、サクラソウから少し身を引いて、生物多様性の保全を目標とする研究分野である「保全生態学」が、どのような背景のもとに、どのような思想を反映して生まれたか、生物多様性とは何か、なぜ保全しなければならないのか、を述べてみた。1～10章で、サクラソウを対象とした保全生態学の実際の研究を所々で紹介しているから、本書は全体として、保全生態学とは何かを知っていただくための手引きとしても役立ち、さらに植物の繁殖と保全の具体的な取り組みの参考になるはずである。

さて、サクラソウは、それぞれの花に、とても魅力的な、しかしときには周囲を厳しく凝視する「目」を一つずつもっている。そのサクラソウの目を借りて、野の花とヒトとの関係の今昔、野の花の暮らしと花の適応進化、生物間相互作用、生物多様性、そして地球環境までを、ぐるっと見渡してみることにしよう。野の花、野生生物を、人々の心のなかに新しい形でよみがえらせるために。

1章　サクラソウとの出逢い

——花の多様性に魅せられて

出逢いに心惹かれたもの

人と人との出逢いがそうであるように、花との出逢いも最初の一瞬の印象が、心の奥底での対象へのこだわりの深さを決めてしまうような気がする。

植物生態学の研究者として私は、これまでにさまざまな花や草木と出逢い、それら一つ一つとそれぞれかけがえのない関係を結んできた。しかし、サクラソウとの出逢いは、そのなかでも特別な意味をもっていたような気がする。というのは、研究者としての私の生涯がそれによって大きく方向づけられてしまったからである。サクラソウにかかわることによって、私は保全生態学という分野に足を踏み入れることになった。

さて、調査の依頼を受けて、私がはじめて研究対象としてのサクラソウと対面したのは、一九八四年の三月であった。陽光は明るいけれどもまだ空気の冷たいその季節、埼玉県浦和市(現 さいたま市) 田島ヶ原の特別天然記念物サクラソウ自生地ではじめてみた野生のサクラソウは、野焼き後の黒く焦げた地面から、ちょうど丸くたたまった葉先をわずかにのぞかせたところであった。野焼きは、自生地に枯れたヨシやオギが積もって、サクラソウのような背丈の小さな植物が芽を出すのを妨げることのないよう、毎年冬の間に実施されているものである。

その日、定期的な観察ができるように、保護区のなかの数個所に、縦一メートル、横一メートルの調査用の枠をつくった。それが、今日まで二十年以上にわたる私のサクラソウの研究の始まりであった。

植物生態学の研究では、植物群落のなかに方形の調査枠を設けて、成体や芽生えなどの生存や成長を定期的に調査することが常套手段となっている。先輩の山崎史織博士と私も、まずはそのような調査を開始した。

四月になり、花が咲いたときが、野生のサクラソウの花と私の最初の出逢いであった。生まれたての春の緑、和風の野生チューリップともいえるアマナの白い花、黄色いノウルシの花、そして、サクラソウのピンクの花がつくる彩りの妙。それは、かつてはその一帯の河原に広くみられた天然の花園の光景であった。しかし、その頃すでに、それがみられるのはこの約四ヘクタールの保護区のなかだけになっていた。

花を間近にみたときに私が強く心惹かれたのは、サクラソウの花の色や形にみられる大きなバリエーション、すなわち変異だった。それはまるで、人が長年品種改良を加えてつくり出した品種の数々であるかのようでもあった。

微妙な違いが集まり、自生地全体としてはきわめて大きな変異がみられる。色一つとっても、

図１　サクラソウ花冠の形態変異の多様性

白色に近い淡色のものから深紅に近いものまで、また、紫がかったものから青味の全く感じられないものまで、ピンクでも華やかな色合いのものから抑制された灰色味のあるものまでさまざまで、それが自生地全体の風景にも微妙な色彩や色調の変化をつくり出していた。

色彩や色の濃淡だけではない。花冠の全体の形や細部の変異も含めて、サクラソウの花のバリエーションは非常に大きい。花びら（花冠の裂片）の形にしても、細くて花びらと花びらの間に隙間のあるものの、幅広くて互いに重なり合っているものまでさまざまである。

よく目を凝らせば、部分部分の形も微妙に違う。また、個々の花だけでなく、花をつけている茎の長さやバランスの違いに応じて、花序（花の集まり）

の形にも変化が大きい。

それから、何といっても目の表情の豊かさである。目といってもそれは、白い模様で縁どられた花筒口のことだ。それを英語ではアイ(目)とよぶので、ここでも目とよぶことにする。花筒の奥へと続く翳りを瞳とするならば、その瞳にはちょっとした秘密が隠されているのだが、それについてはここでは証さず、5章に譲ることにする。

さて、その目は、まわりのくまどりが薄くてほとんどないに等しいものから、白色が浮き立つように目立つものまである。またそれは、まるで一重まぶたのやや眠そうな目のようであったり、黒目がちのぱっちりとした目のようであったり、花の表情を大きく特徴づける。目は一つの花に一つずつ。それだけに、その目には訴える力が強くこもっている。調査や実験でサクラソウの花を扱っていると、ときにその目に凝視されているような感覚にとらわれ、何とも不思議な気持ちになることがある。

生き物好きと多様性好み

替り玉、こんぺい糖、ゼリービーンズなどのお菓子、クリスマスツリーや七夕の飾りつけなど、色とりどりのもの、形もバラエティにも富むものは、子供たちの心を浮き浮きさせる。それは、多様性を慈しむヒトの本能的な心の動きによるものだと私は思う。そんな「多様性好み」は、「生き物好き（バイオフィリア）」とともに、ヒトという動物にとって適応的な意義の大きい感性のはずだ。というのは、ヒトが雑食性の動物に進化した頃から、健康な暮らしには、多様な食べ物を摂取することがとても大切だったに違いないからである。

ヒトは、健康にどうしても欠かせないビタミンを自分の体内で合成することができない。また、タンパク質を構成するアミノ酸のなかにも、体内では合成できず、必須アミノ酸のように食べ物から摂らなければならないものもある。

多様な食べ物を食べることが、健康の秘訣であることの理由はそれだけにとどまらない。ヒトが食料にしていた野生の植物は、動物に食べられないように、アルカロイドなどいろいろな毒成分を含んでいる。毒と薬は紙一重という言葉があるが、少しだけ口にすれば薬になる薬草も、大量に摂取すれば毒になる。作物として育種されたものの多くは、食べても毒にも薬にもならない（もちろん栄養にはなる）植物である。しかし、野生のものは、少し食べる分にはよいが、大量に食べると毒になるものが少なくないから注意が必要だ。山菜として人気のあるフキにも、フキノトキシンという発がん物質が含まれているから食べ過ぎは禁物である。

少しずついろいろなものを食べることは、食生活を野生の恵みに頼っていた初期の人類にとっては、健康を維持するうえで、ひいては、生存や繁殖にとっても非常に重要なことであったはずである。いろいろな食材を取り混ぜたサラダのように、色も形もとりどりの植物がみられる場所を心地よく思う感性は、そのために進化したに違いない。だから、多様性を求める心、多様性を豊かさとして感じる心は、ヒトという雑食性の動物のDNAに強く刻み込まれているはずである。

私たちヒトが生き物と接するときにも、また生物でない対象と接するときにも、その本能がうずき、多様性を強く求める気持ちが働くようだ。現代の消費社会の繁栄でさえ、元をたどればそのような本能に基礎を置いたもの、というよりは、その欲望の部分の際限のない拡大に支えられたものであるといえるのかもしれない。

しかし、生態学の研究者にとって、多様性は単に心地よいだけでなく、大いに知的な探求心をそそる対象でもある。画一化にあらがい、多様なものの共存をもたらす原理というものが、非常に興味深いものだからである。生物の進化においては、概して、無駄なものはいずれ失われるという経済性が貫かれ、コスト・パフォーマンスのよいものへの変化が期待される。それなのに画一化が進んでしまわないのはなぜか、ということがとても興味深い問題なのである。多様なものが保たれる原理を知ること、それは、生態学の基本的な課題の一つでもある。

江戸の粋人も楽しんだ花の多様性

さて、野の花としてのサクラソウを楽しむとともに、たくさんの園芸品種をつくり出した江戸時代の粋人にとっても、サクラソウの花の変異は、大いに魅力のあるものだったらしい。

江戸時代、荒川の河川敷に多くのサクラソウの産地があったことは、当時の名所案内や花鳥歴からもうかがわれる。文政十年に刊行された当時のアウトドア誌ともいえる『江戸名所花暦』には、四季折々の自然を楽しめる当時の人気の行楽地が紹介されている。

巻の一、「春の桜草」には、「尾久の原——尾久より一里ほど王子のかたへ行きて、野新田の原といふにあり。花の頃はこの原、一面朱に染如して、朝日の水に映するかことし。また此川に登り来る白魚をとるに、岸通りにてすくひ網をもつて、人々きそひてこれをすなとる。桜草の赤きに白魚を添て、紅白の土産なりと、遊客いと興して携かへるなり。」というくだりがある。尾久の原は、今の荒川区西尾久に当たる。今ではその面影はどこにも残されていないが、河原一面にサクラソウの花が咲き乱れ、川のなかにはたくさんの白魚が泳いでいたのである。そんなぜいたくな川の自然は、現代の私たちは夢のなかでしかみることができない。とにかく、江戸の人々がサクラソウが咲く頃、その花見のために荒川の岸辺に繰り出したことは事実のようだ。

江戸時代にはサクラソウの園芸も盛んで、多数の品種がつくり出された。天保の頃には『櫻草作傳法』というサクラソウの園芸書が著され、写本が現代に伝えられている。その写本は当時の粋人たちのサクラソウとのつき合いをうかがい知るうえでの貴重な資料であるが、関西のサクラソウ園芸の同好会「浪華さくらそう会」がその現代語訳の労をとられたので、内容を手軽に知ることができる。

『櫻草作傳法』は五つの部分から成っている。第一部ではサクラソウ栽培の歴史的経緯、第二部で年間を通じたサクラソウの株の管理法、第三部ではサクラソウを育てるための土づくり、第四部では種子を発芽させて実生を育てる方法とその楽しみ方、第五部で現代にも伝えられている桜草花壇（口絵参照）の飾り方が扱われている。

第一部に記されているところによると、人々がサクラソウを鑑賞するようになったのは享保（一七一六～一七三五）の頃からであった。花好きの人たちは遠路をいとわず戸田川（今の荒川）の野原に出かけ、変わった色の花はないかと探した。富永喜三郎とかいう人が戸田で見事な絞り花をみつけた。「須磨浦《すまうら》」と名づけられたその品種は、人々に名花と賞されて今でもあちこちに植えられている。

一方、種子をまいて実生（種子から芽生えた株）から変わりものを採るという楽しみが流行り、特に天明（一七八一〜一七八八）から寛政（一七八九〜一八〇〇）の頃に盛んであった。ただそれぞれが変わり花を楽しむだけでなく、実生由来の新しい変わり花の優劣を競う「花闘《かとう》の楽《らく》」という一種の競技会が開催された。

その競技会がどのように催されたかについてもくわしい記載があり、江戸時代の粋人たちがサクラソウの花の多様性をどのように楽しんだかをうかがい知ることができる。江戸時代に数多くつくられたサクラソウ品種のうち、約三百品種が現代にまで受け継がれている。そして、サクラソウの花のバリエーションを楽しむ伝統的な園芸文化も、実生に生じる変異を愛でる何とも高尚な趣味も、「浪華さくらそう会」のような同好会によってしっかりと現代に受け継がれている（口絵参照）。

荒川のサクラソウ自生地のその後

江戸時代のサクラソウの名所であった、尾久ノ原よりも上流に当たる浮間ヶ原（現在の北区浮間）でも、昭和の初め頃には、そこにはサクラソウはほとんどみられなくなってしまったようである。しかし、昭和初期にはそれより上流にはかなり広大なサクラソウの自生地があったことは、当時、そのあたりで植物探索をされた遠藤善之氏の次のような記述からうかがい知ることができる。

「その名所としては浮間が原が名高かったが我々が歩くようになった昭和のはじめ頃には、すでにここではみられなくなっていた。しかし川沿いに上っていくと、いくらでもさくらそうの咲き乱れている原野があった。そこにはいろいろの野の花も混じって咲いているので、春の植物の観察によく歩いたものである。だが現在ではその辺りも開発されて、わずかに田島ヶ原に当時の面影を伝える原野が、特別天然記念物に指定されて残っているぐらいになってしまった。そこではさくらそうの群落はすっかり囲いされていて、その盛りには人出でごったがえしている。昔の風情はなくなった。」（江戸千家便覧四〇号、一九九〇年）。

私がサクラソウに出逢ったのは一九八〇年代であるから、荒川からサクラソウの咲き乱れる原野が消えて、すでにかなり時を経た後である。しかし、田島ヶ原の特別天然記念物サクラソウ自生地にだけは、かつての面影が残されているらしい。

大正期に天然記念物に

現代に荒川のサクラソウ原野の面影を伝える「田島ヶ原のサクラソウ自生地」は、大正九年七月一七日にまず、天然紀念物「土合《つちあい》村桜草自生地」として指定され（内務省）、昭和二七年三月二九日には特別天然記念物「土合村サクラソウ自生地」として指定された（文化財保護委員会）。その後、土合村の浦和市との合併に伴い、「田島ヶ原サクラソウ自生地」となった。

サクラソウ自生地が大正九年に天然記念物に指定されるにあたって奔走した植物生態学者三好学は、『天然紀念物桜草自生地調査報告書』を提出した。これを読むと、当時のサクラソウをめぐる状況をうかがい知ることができる。今となっては、それは当時の当地の状況だけでなく、そこからさらに遡った過去の様子までを知ることのできる貴重な資料である（三六〜三八ページ参照）。

報告書に沿って、三好がみたこと、考えたことを確認してみよう。「土地ノ状態」として記されていることからは、荒川の沿岸にはサクラソウの生育する原野がたくさんあったこと、河川の氾濫によって栄養分が豊かなこと、あるいは土壌が特殊でふつうの原野とは異なる特別の原野であると認識されていたことがわかる。三好は、サクラソウをそのような原野を特徴づける固有な種として位置づけている。

報告書の記述によれば、春にはサクラソウの紅色の花で彩られるが、そこに黄色のノウルシの花、紫や白いスミレの花、水色のチョウジソウの花、赤紫色のムラサキケマンやジロボウエンゴサク（「やぶえんごさく」と記されている）、黄金色のヒキノカサなどが混ざり、まるで天然の花園のような美しい景色をつくり出していた。夏にはオギが茂るが、秋にはそれらが刈り取られるので、原野は裸になり翌春にまたサクラソウが発生するのに都合がよい環境が準備されると述べ、人為的な植生管理の重要性を強調している。

サクラソウの自生地は、北海道、本州、九州など、他の場所にも知られているのに、当地のサクラソウ自生地を天然記念物とすべき理由としてあげているのは、他の自生地は特殊な場所に限られ辺鄙なところにあるので、それを研究するにも鑑賞するにも不便であることである。

またサクラソウは、その花が美しいだけではなく、花の形態、大きさ、色彩、さらには花茎の長さ、毛の密度などが先天的変化に富んでいて、植物の品種改良の研究材料として適していること、また、チャールズ・ダーウィンが示したような異型花柱性（5章参照）という点からも、重要な研究材料植物であることを記念物とすべき理由としてあげている。

さらに、サクラソウだけでなく、サクラソウとともに自然の群落を形成している他の草本植物を同時に保存するため、「サクラソウの自生地」を天然記念物とするべきであると主張している。また、江戸時代に名所案内、花鳥歴などに載せられていた浮間ヶ原、戸田ノ原など荒川の有名なサクラソウ産地は、明治二〇年頃まではその状態を保っていたが、その後土地の変化や過度の採集によってサクラソウがほとんど採り尽くされてしまったため、ある程度交通の便のよいところでサクラソウの自生地があるのは土合村だけになってしまったという現状に触れ、それゆえここを帝都に近い武蔵野の古来有数の名勝として保存するべきだと主張している。

サクラソウの学術的な価値として、異型花柱性だけでなく、花にきわめて変異が大きいことをあげていること、サクラソウだけでなくほかの草本植物も含めて自生地全体を保存するべきであると主張していることは、日本の植物生態学の先駆者ともいえる三好学の高い見識を示すものである。また、その見識があったからこそ、荒川のサクラソウの自生地が、ごく一部とはいえ現代まで残されることとなった。

今、野生のサクラソウは

サクラソウは、北海道から九州まで、やや湿った火山灰土壌の落葉樹林や草原に、かつてはふつうにみられたようだ。しかし、生育地の開発と園芸用の採集によって、今日では著しく衰退し、環境省の植物版レッドデータブックには絶滅危惧種（絶滅危惧Ⅱ類）として掲載されている。ここでは、私が研究フィールドとしている北海道の南部や本州中部の八ヶ岳山麓などについて、サクラソウ自生地の現況を簡単に述べてみよう。

北海道では、かつては南部の苫小牧《とまこまい》あたりから静内《しずない》までの海岸に沿って、サクラソウの自生地がたくさんあったといわれる。サクラソウは、この地域では火山灰土壌上に発達するカシワ林にふつうにみられる野草である。海岸から少し山のほうに入り、森をつくる樹木がミズナラやトドマツなどにかわると、サクラソウではなく近縁のオオサクラソウがみられるようになる。

サクラソウは海岸の近くにその分布が限られているが、それはカシワ林の分布が海岸沿いに限られているからである。サクラソウのカシワ林との結びつきは相当強いように見受けられる。そしてそれは、カシワの木が落葉樹のなかでも、特に春に葉を開くのが遅い木であることと関係しているようだ。

カシワはまるでいつまでも遅霜を恐れているかのように用心深く、春になってもなかなか葉を開こうとしない。そのため、林のなかは春半ばまでかなり明るく、サクラソウなどの春植物にとっては穏やかで明るい生育場所を提供する。サクラソウをはじめとする林の下草は、カシワが葉を開くまでの季節的な光の窓を利用して十分に光合成を行い、繁殖に必要なエネルギーや物質を十分に稼ぎ出すことができる。

しかし、現在ではその一帯が主に牧場として開発され、すでにカシワ林の大部分が失われている。残存林あるいは新たに防風林としてつくられたカシワ林は、たぶん、かつてこの地域一体をおおっていたカシワ林面積の一％にも満たないであろう。

それでも幸いなことに、そのようなカシワ林の多くに今でもサクラソウが生育しており、この地域はおそらく今では日本で残された最大のサクラソウ自生地である。ただし、この地域のサクラソウについて、国、道、市町村を含め、その保護のための積極的なプランをもっているところは一つもない。私がこの地を研究の場と定めてから十年余りが過ぎたが、道路建設などで多くの自生地が失われた。今後も、さまざまな開発行為や林床におけるササの繁茂などによって、自生地が失われる心配がある。

八ヶ岳山麓の火山灰土壌の地域では、サクラソウは、ミズナラなどの落葉樹林のなかの渓流沿いや湿地の周囲などに生育する。開発された場所では、牧場や山間の畑のまわりなどを生育場所にしている。この地域では、バブル経済期を中心に、別荘地、ゴルフ場などのリゾート開発が盛んに行われた。正確な実態は不明ではあるが、その時期のリゾート開発に伴い、サクラソウの自生地のかなりが破壊された模様である。

サクラソウがレッドデータブックに掲載されてからは、事前の調査で開発地区内にサクラソウがみつかったときは保全策が講じられたはずだが、どうやらそれは、「移植」に限られていたらしい。保全策といえば移植をさす、ということは、サクラソウに限らず絶滅危惧植物一般にも共通のようだ。

私は保全生態学を専門にしているということで、「植物の保全についての意見を聞きたい」との相談を受けることがある。しかし、よく聞いてみると種の保全についてではなく、移植方法を教えてもらいたい、というものがほとんどである。その絶滅危惧種を守りたいという真摯な思いは微塵も感じられない。そして、移植は、そこにあっては困るものを域外に出してしまうために執り行われる儀式のようなものである。

移植によってどの程度の保全の効果をあげることができたかについては不問に付され、移植したものが消滅しても誰かが責任に問われることもない。本来大切に扱われるべきものが、厄介者払いのようにすみかを追われ、そして、「開発の影響は軽微である」という決まり文句とともに忘れ去られる。開発の計画地に絶滅危惧種が生育している場合、唯一の保全策が域外への移植であるという現状が続く限り、絶滅危惧種は今後も衰退の一途をたどり続けるであろう。

八ヶ岳山麓には、野辺山に筑波大学の八ヶ岳演習林がある。大学の演習林は開発から免れているため、地域の生物多様性の保全に大きな役割を果たす可能性がある。幸い、約八十ヘクタールの八ヶ岳演習林のなかにもサクラソウの自生地が残されており、十分とはいえないまでも、この地域のサクラソウの生態を研究できる唯一の場所になっている。ただし、演習林は農地や別荘地のなかに孤立しており、同じような環境が広大な面積で広がっていた時代とは、サクラソウの暮らしや他の生物との関係が大きく変質しているかもしれない。

残念ながら、サクラソウが自然のなかで生きていた姿を余すところなく研究できるような場所は今ではどこにも残されていない。だから、今できることは、それぞれの場所で、断片的に明らかにできることを組み合わせて、ジグゾーパズルのように野生植物としてのサクラソウの暮らしを復元していくことである。本書で紹介するのも、私たちの研究で把握されたその断片の一片一片であり、またそこから推測した野生のサクラソウの生きる姿なのである。

悲しい自生地

荒川にいくつもあったと伝えられるサクラソウ自生地は、今ではそのほとんどが失われた。かつての面影を今に伝えるある程度まとまった自生地は、さいたま市田島ヶ原の特別天然記念物「田島ヶ原サクラソウ自生地」だけになってしまった。全国を見渡しても、野生植物としてのサクラソウの衰退は著しい。サクラソウが野生の植物として、誇り高く生きることのできる場所は今、どのくらい残されているのだろうか。現状を知るのが怖いような気もする。サクラソウ自生地という名につられて訪れると、みるに堪えない悲しいサクラソウの姿を目にしなければならないこともあるからだ。

例えば、あるサクラソウ自生地で目にしたのは次のような光景である。鉄条網が張りめぐらされた保護区には、人工的に増殖されたと思われるサクラソウが、花壇にでも植えられたように列をつくって並んでいる。鉄条網で囲われた土地のすぐ外が廃棄物の最終処分場になり、悪臭が漂っている。それは、サクラソウが保護の対象となっている場所でさえ、サクラソウの健全な暮しを保障するための環境への配慮が十分ではないことを物語っている。

鉄条網で囲われ、しかもその生活の条件を奪われてしまったサクラソウは、まるで収容所に強制収容されているかのようで、みるに忍びない。そう思うと、柵の外の私たちをみつめるサクラソウの目も心なしか虚ろで、もの哀しいもののように感じられた。

しかし、他の場所では絶滅してしまったのだから、残されているだけでもましであるとしなければならないのかもしれない。このような哀しいサクラソウを、より適切な方法で保全を図り、後世へと受け継ぐためには、その暮らしを十分に理解したうえで、野生の植物にふさわしいやり方で援助の手を差しのべることが必要だ。

特別天然記念物田島ヶ原サクラソウ自生地

サクラソウの花がきわめて変異に富んだものであり，それが大正期にすでに研究者の関心を引いていたことが，以下の文書，すなわち，三好学が土合村（現在埼玉県さいたま市）のサクラソウ自生地を天然記念物として推挙するために作成した報告書にもよく表われている．

天 然 紀 念 物 調 査 報 告

桜草ノ自生地ニ関スルモノ

三好　学※

大正9年5月　天然紀念物調査報告 ― 桜草ノ自生地 ―

所在　埼玉県北足立群土合村字西堀、関並ニ田島ノ一部（民有地）

地積　約4町歩

土地ノ状態　東京市ヲ貫流スル隅田川ノ上流ナル荒川ノ沿岸ニハ古来桜草ノ多ク発生セル原野アリ是等ノ原野ハ屢々河川ノ氾濫ニヨリテ泥土ヲ蒙ムリ養分ニ富メルモ平時ハ地面乾固シ亀裂ヲ生ゼルヲ見ル土壌ノ状態普通ノ原野ト異ナルニヨリ従ッテ植物ノ群落ヲ異ニシ其中最モ固有ナルハ桜草ニシテ仲春ノ頃ニハ原頭一面紅花ヲ以テ飾ラレ之ト交リテ黄色ノ野漆、紫色及ビ白色ノ菫、紫色ノ丁字草、紅紫色ノむらさきけまん・やぶえんごさく・黄金色ノひきのかさ等花ヲ開キ恰モ天然ノ花薗ノ如ク一大美観ヲ呈ス

夏時ニハ植物ノ群落一変シ且ちがやノ発生盛ニシテ高サ人長ヲ超エ秋ニ至レバちがや刈取ラレ原野ハ再ビ裸出シ明年桜草ノ発生ニ便ナリ

天然紀念物トシテノ桜草ノ自生地　桜草ハ外国ニテハ亜細亜ノ東北部ニ産シ我邦ニ於テハ北海道、本州及九州ニモ産スレドモ而カモ其地 →

※史蹟名勝天然紀念物調査会委員、理学博士

COLUMN

→
ハ特殊ノ場所ニ限ラレ且土地ノ辺鄙ニシテ天然紀念物トシテノ研究又ハ観覧ニ不便ナル処多シ

桜草ハ花ノ美ナルノミナラズ先天的変化ニ富ミ花ノ形態、大小、色彩ニ種々ノ別アルノミナラズ花茎ノ長サ、花茎ノ毛ノ密度等モ一様ナラズ今花部ノ変化ノ著シキモノニ就テ述ブレバ花冠ノ五片ヨリ成レル正形ノ外ニ六片、七片又ハ更ニ多片ノモノアリ又各片ノ幅広クシテ互ニ密接又ハ辺縁ニテ重ナリ合ヘルモノト幅狭クシテ間隙ヲ残スモノトアリ其ノ他片端ノ広クナリ又ハ不規則トナレルモアリ色ハ紅色ヲ普通トスレドモ往々濃紅、帯紫紅ナルモノ、淡紅、極淡紅ナルモノアリ又絞り、線入、更紗、砂子トナレルモアリ稀ニハ純白ノモノサヘアリテ原頭ニ一異彩ヲ放テルヲ見ル

培養セル桜草ニ於テ夥シキ品種ヲ生ゼルハ人ノ知ル所ナルガ同植物ノ野生種ニ於テ已ニ上記ノ変化ヲ呈セルハ著甚ナル現象ト云フベシ是レ蓋シ同植物ノ先天的特徴ニ由ルモノニシテ植物品種改良問題ノ頻ニ攻究セラルル今日ニアリテハ野生ノ桜草ノ如キハ正ニ該問題ノ解明ニ関シ適当ナル材料植物トシテ注目スベキモノナリ加之桜草ハ夙ニチャールス・ダルウィーン氏ノ示セル如ク一花中雄蕊長ク、雌蕊短キモノト、雄蕊長キモノトアリテ受精上一定ノ配合ヲ要スルハ已知ノ事実ナリ此点ヨリ見ルモ桜草ハ研究材料植物トシテ必要ナルハ言ヲ俟タズ

桜草ハ前ニ記載セル草類ト自然ノ群落ヲ形ヅクリ生存上相互ノ関係アレバ桜草ノ保存ニハ同時ニ諸他ノ草類ヲモ保存スルヲ要ス随テ桜草自生地ハ之ヲ天然紀念物トシテ保存シ人為的変化ヲ蒙ムラシメザルヤウ注意セザルベカラズ保存地域ニシテ狭キニ失スルトキハ周囲ノ影響ヲ受ケ桜草ノ発生状態ヲ危クスルノ虞アレバ適当ナル程度ニ於テ一定ノ地域ヲ保存スルノ必要アリ前ニ記セル地積ハ此目的ニ合フモノト信ズ

名勝トシテノ桜草原野　前ニハ天然紀念物トシテノ桜草自生地ノ保存ニ就テ述ベタルガ名勝トシテ見ルモ桜草ノ発生セル原野ハ大切ナルハ論ヲ俟タズ旧幕時代ニハ江戸ニ近キ浮間ヶ原、戸田原等ノ荒川沿岸

ノ原野ハ桜草ノ名所トシテ知ラレ旧時出版セル名所案内、花鳥暦ノ類ニハ載セザルハナシ是等ノ原野ハ明治20年頃マデハ多少旧態ヲ保テルガ其後土地ノ変化、遊覧者ノ濫採、商売人ノ過度ノ採集等ノ為メニ今日ニテハ同地方ノ桜草ハ殆ンド採リ尽サルルニ至レリ幸ニ荒川ノ上流沿岸地方ニハ今日尚桜草ヲ産セル処アルモ多クハ交通不便ノ為メ観覧ニ適セズ此点ヨリスレバ前記ノ土合村内ノ桜草産地ハ浦和町ヨリ僅ニ一里ニ過ギズ且車馬ノ便アルヲ以テ名勝トシテモ保存スルニ適当ナル土地ト云フベシ

近年該原野モ次第ニ世ニ知ラレ遊覧者多キヲ加ヘ随テ桜草ノ採去ラルルモノ夥シクナレリ故ニ速ニ同原野ヲ天然紀念物トシテ指定シ以テ学術ノ考証ニ資シ一ハ帝都ノ付近ニ美麗ナル武蔵野ノ一部ヲ有数ナル名勝トシテ遺サンコトヲ希望ス

桜草原野ノ光景並ニ固有植物ノ画ニ関シテハ下記ノ自著ニ載セタリ

日本之植物界　　161頁并ニ第10図版

人生植物学　　329頁并ニ巻首図版

桜草原野保存ノ必要（東洋学芸雑誌第455号　大正８年）

増改訂版　最新植物学講義　中巻　817頁

付記　前記ノ土合村ノ桜草産地ハ俗ニ田島ヶ原ト称セラルル処ニシテ本員ハ去ル大正５年４月下旬土地ノ有志家深井貞亮氏其他ノ案内ニヨリテ戸川安宅氏ト共ニ視察シ天然紀念物トシテ価値ノ大ナルヲ認メタリ爾来深井氏等ノ熱心ニヨリテ同地ニ保勝会設立セラレ桜草ノ保存ヲ図レルガ其後屢々深井氏ヨリ近年ニ至リ同地ノ桜草ノ濫採益々多キヲ聞キ切ニ保存ノ必要ヲ感ゼリ次デ本年４月25日本員ハ史蹟名勝天然紀念物調査会幹事山田準次郎氏、同渡部信氏、同会臨時委員荻野仲三郎氏、同会考査員吉井義次氏等ト同地ヲ視察シ現状ヲ調査セリ本報告ハ前後二回ノ視察ニヨリ起草シタルモノナリ

(史蹟名勝天然紀念物調査報告第十二号　1920)

2章　プリムラとサクラソウ

サクラソウ科とプリムラと

野生のサクラソウもフラワーボックスの色とりどりのプリムラも、いずれもサクラソウ科サクラソウ（プリムラ）属の植物である。

サクラソウ属が含まれるサクラソウ科は、二〇の属から成り、北半球にやや偏った分布を示す。この科の植物の花は、五数性、つまり、がく片、合着して合弁花冠をつくっている花弁、おしべなどの数がすべて五で、子房も五つの心皮からつくられている。

ほとんどの種で、子房のなかには多数の胚珠があり、カプセル状の果実が熟したときには、その数に応じて多数の種子がつくられる。サクラソウ科の植物は、多くが多年草であり、花茎以外には直立する茎のない、根元にだけ葉がつくロゼット型で草丈の小さい植物が多い。また、その多

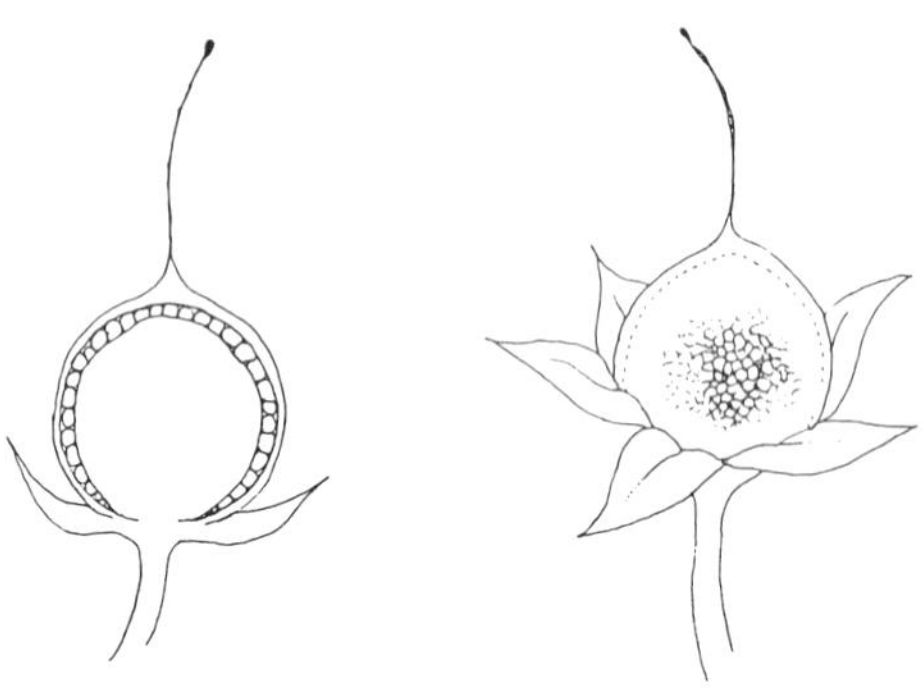

図2　サクラソウさく果の断面(左)と果実中の種子(右)

くが地下茎を伸ばして成長し、株を増やしていく。このような成長の様式をクローン成長という。

ヒトの暮らしや経済とのかかわりでは、サクラソウ科の植物には作物や資源植物として栽培されるようなものはほとんどない。そうした意味での経済的な重要性は決して高いとはいえないが、サクラソウ属やシクラメン属のように、園芸植物として重要なものが少なくない。なかでもサクラソウ属は、バラ属やツツジ属とともに世界の三大庭園植物の属の一つに数えられるほど、園芸において重要な属である。

サクラソウ科の植物のほぼ半数に当たる約五百種がサクラソウ属（プリムラ）の植物である。その多くが、北半球の山地、特にヒマラヤから中国にかけての一帯に分布域をもつ。次項でくわしく述べるが、それら多数の種が分布する地域は、サクラソウ属の分化の中心地であると考えられている。

サクラソウ属の植物は、多くが根茎をもつ多年草で、根ぎわにつく何枚かの葉のなかから花茎を伸ばし、その頂に散状あるいは輪状に花をつける。

また、サクラソウ属の植物は、ピンクや赤紫色の花をつけるものが多い。黄色の花をつけるものもある。そして多くのものが、サクラソウと同じような「目」をもつ。くまどりは白とは限らず、黄色い華やかなアイシャドーの入った目をもつものが少なくない。

COLUMN

英国のプリムラ

イギリスでプリムローズといえば，薄黄色の花をつけるプリムラ・ブルガリス（和名：イチゲサクラソウ）をさす．ピーターラビットなど，絵本の挿し絵にさりげなく描かれているのも，絵本の主人公たちがつくるプリムローズ酒の材料も，このブルガリスである．また，ダーウィンの研究材料として，異型花柱性（5章）の研究のきっかけになったのも，このプリムローズである．

ブルガリスは明るい林や草地などを生育場所とする小さな植物で，プリムラ（ラテン語で一番という意味）という名に違わず，1月から3月にかけて花を咲かせる，まさに「春一番」の植物である．

ブルガリスは，イギリスだけではなく，西ヨーロッパ，バルカン半島，南ロシア，北アフリカにまで広く分布している．もう1種の野生のプリムラはプリムラ・ベリスで，イギリスでは，ブルガリスとベリスの雑種もふつうにみられる．

ブルガリス　　　　ベリス

プリムラの起源地

サクラソウ属の種の系統関係については、DNAなどの分子マーカーを使って明らかにされている部分もあるが、属の全体にわたる分子系統図はまだ完成していない。

一般に、系統の起源地は、最も大きな変異が保たれている場所であるとされる。これはロシア人の農学者バビロフが最初に提唱したアイデアで、作物の起源地を推定する場合の根拠とされている。それに基づいてサクラソウ属の起源地を推定すると、四川、雲南、アッサム、東南チベットなどを含む中国ヒマラヤ東部の低山岳地帯（東経九〇～一〇〇度、北緯二五～三〇度の範囲）であるということになる（図3）。その範囲にサクラソウ属の植物の約半数に当た

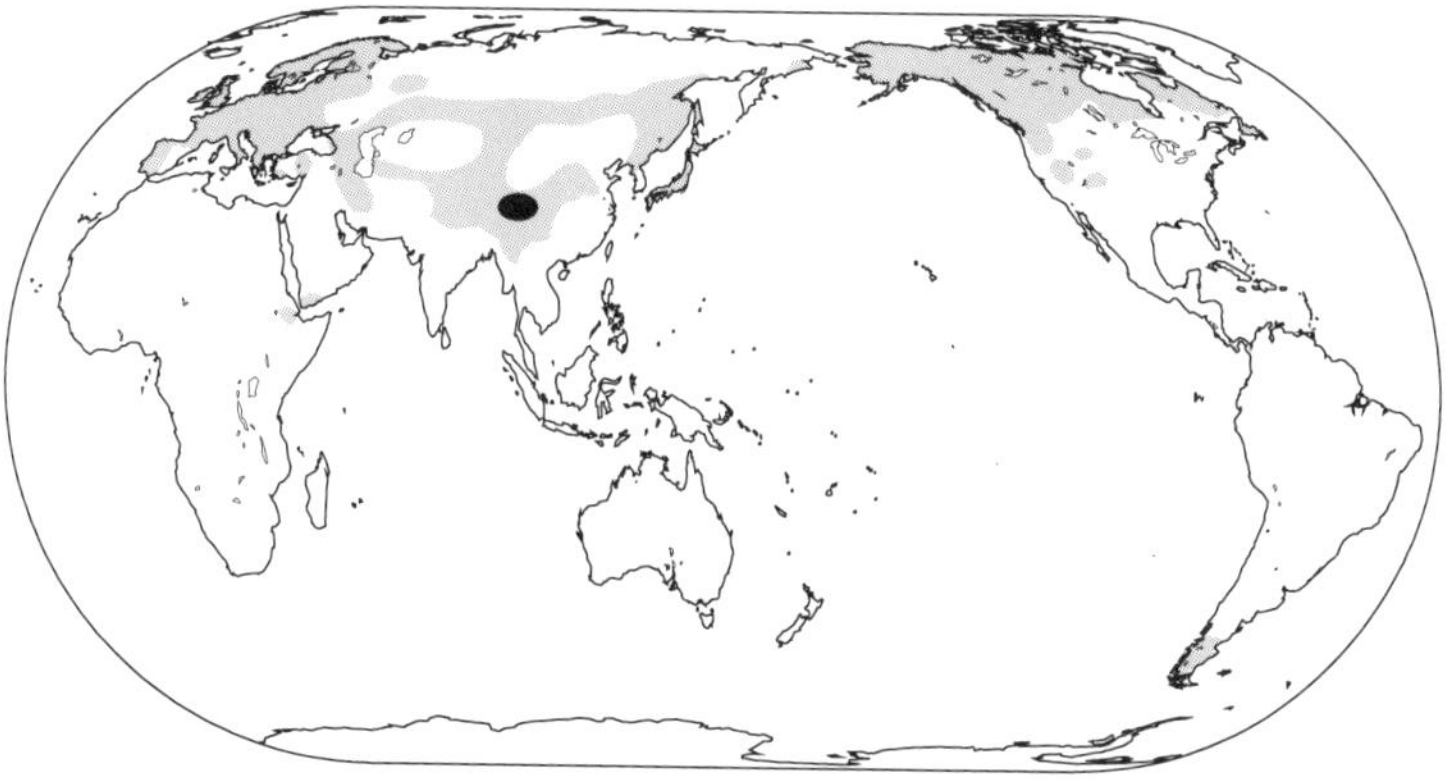

サクラソウ属の起源中心（●）と現在の分布域（▒）

図3　サクラソウ属の地理的分布と種数から推定された起源中心

る二二五種の産地が含まれる（表1）。

さらに、そのまわりの西ヒマラヤ、中国全土、中央アジア、コーカサスからトルコ、イランにかけての地方、シベリア、日本などを含めれば、九十％近い種の産地が含まれる。

日本に自生するサクラソウ属の植物は、一四種で、それはサクラソウ属の種の三％に当たる。

サクラソウ属はその多くの種の産地が山地であることから、山岳地帯で生まれ分化した属であると考えられている。

表1　サクラソウの地理的分布（Richards, 1993より）

地　　域	種数	%
中国ヒマラヤ東部（90～100°E）	225	48.6
中央ヒマラヤ（80～90°E）	63	13.6
西ヒマラヤ（70～80°E）	29	6.3
それ以外の中国	26	5.6
中央アジア	17	3.7
コーカサス，北トルコおよびイラン	14	3.0
シベリア	14	3.0
日本	14	3.0
ヨーロッパ	32	6.9
北アメリカ	20	4.3
東南アジア	5	1.1
アラビア	4	0.9
南アメリカ	1	0.2

注）種によっては二つ以上の地域に生育しているので，この表での種数の合計（463）は，プリムラ属の種数より多くなっている．

サクラソウの起源地と推定される中国ヒマラヤ東部の山地は、比較的新しい山塊であり、プレートテクトニクスによるその隆起が始まったのは四千万年ほど前である。現在この地域を特徴づけている高い山々はさらに新しく、二千万年前にはまだ存在しなかったと推測されている。これらのことから、プリムラ、つまりサクラソウ属は、まだ生まれてから二千万年にも満たない、どちらかといえば若い系統であると考えられている。

プリムラの原始的・派生的形質

種の分類は、主に形質の違いによって行われる。この場合、近縁な種のグループのなかでは共通であるが、グループ間では明瞭に異なるような形質が役に立つ。

サクラソウ属では、芽のなかでの幼葉の折りたたまれ方（外巻きか内巻きか）、葉に生えている毛（単細胞か多細胞か）、染色体の基本数などがそれに当たる。それに対して、自然選択による適応進化によって変わりやすい形質、あるいは育種における人為的選択で容易に変化させることのできる形質は、分類上の手がかりにはなりにくい。したがって、花の色や外形などはそのような形質である。サクラソウのさまざまな品種の花にみられる多彩な変異をみていただきたい！（口絵参照）

図4　サクラソウ属における幼葉の折りたたまれ方

植物では一般に、染色体数が倍化した倍数体が形成されやすい。基本的な染色体のセットを二組もつ二倍体のほか、四倍体、六倍体、八倍体、ときには一四倍体といった高い倍数性をもったものもみられる。

二倍体がつくる配偶子、つまり胚珠（受精すると種子に発達する）のなかの卵細胞や花粉の精核は、減数分裂でつくられるので、基本的な染色体のセットを一組だけもつ。

一組の染色体のセットに含まれる染色体の数を染色体の基本数という。サクラソウ属では、基本数が一一の種のグループは、基本数が一二、一〇、九、八などの種よりも原始的であると考えられている。

また、毛に関しては、多細胞の毛のほうが単細胞の毛よりも原始的な形質であるとされる。芽のなかでの幼葉の形では、内巻きのものが外巻きのものより原始的であるとされる。

なお、対になる形質のうち、進化史のうえで先に現れたと考えられる形質を原始的形質、後になって現れたと考えられる形質を派生的形質とよぶ。

日本のプリムラの仲間たち

日本には一四種、変種も数えると二〇種類ほどの野生のサクラソウ属の植物が自生する（口絵参照）。その多くが高山、山地、あるいは寒冷地、または特殊な土壌の地域に生育し、サクラソウのように暖温帯の低地にまで広く分布するものはめずらしい。

サクラソウ、カッコソウ、オオサクラソウ、イワザクラ、シナノコザクラ、クモイコザクラ、チチブイワザクラ、ヒダカイワザクラ、テシオコザクラは、いずれも野生のものは基本的には二倍体で二四本の染色体をもつ。つまり、染色体の基本数は一二である。これらの種では幼葉は外巻きにたたまれる。いずれもプリムラのなかでは派生的な形質だ。白い花のテシオコザクラ以外は、ピンク色や赤紫色の花を咲かせる。そして、白いくまどりの目をもつサクラソウ以外は、黄色いアイシャドーの入った目をもつ。いずれも葉には毛がある。また、多くは山地といってもそれほど高くない山に分布し、生育場所は種によってかなり異なっている。

ハクサンコザクラ、エゾコザクラ、ミチノクコザクラおよびヒナザクラは二二本の染色体をもつ。基本数は一一本である。幼葉は内巻きに折りたたまれる。これらの特徴から、このグループは日本のプリムラのなかでは比較的原始的な形質をもっていると考えられる。葉には毛がなく、粘液を出す腺があるので、葉を触ると少しべたべたする。また、これらの種は高山や北海道の山地に分布し、雪田や湿原に生育する。ヒナザクラは白い花、それ以外はピンクや紫色の花、目はいずれも黄色でくまどられている。

ユキワリソウ、ユキワリコザクラ、レブンコザクラ、ソラチコザクラの染色体は一八本、ユウバリコザクラでは三六本で、いずれも基本数は九である。幼葉はいずれも外向きに巻かれる。ユキワリソウは本州にも分布するが、それ以外は北海道の山地に分布する種である。岩場や雪田などを生育場所とする。

早池峰山《はやちね》の蛇紋岩立地に固有なヒメコザクラは、染色体数三二本の四倍体である。つまり、染色体の基本数は八であり、幼葉は外巻きである。花は、等花柱花（6章参照）のみがみられる。こうした特徴から、この種はかつて東アジアに広い分布をもっていた祖先種の遺存的な生き残りではないかと考えられている。

日本の固有種であるクリンソウは、四倍体で染色体を四四本もつ。つまり、基本数は一一である。幼葉は外巻きである。花の色は、白、ピンク、赤紫など多様で、目はオレンジ色や紫色で縁どられている。北海道、本州、四国に分布し、山麓の湿地や渓流沿いなどにみられる。

こうしたサクラソウ属のなかで、サクラソウだけは、アジア北東部から日本列島の北海道から九州までの広い地域に地理的分布域を広げており、その生育場所も山麓から低地にまで及ぶ。高山や貧栄養の特殊な立地を生育場所とするプリムラが多いなかで、ヒトの生活域の肥沃な土壌の生育場所にも生育する、やや例外的な種である。

また、その形質からみてサクラソウは、日本に分布しているプリムラのなかでは比較的新しく分化した植物であると推測できる。地史的にみれば新しい時代の旗手として、サクラソウはおそらく、最終氷期の後にはプリムラのなかで最も羽振りのよい種であったはずである。

ヒトの生活域の管理された草原では、サクラソウは、少なくとも昭和の初期まではヒトと共生関係にあった。萱《カヤ》刈りや野焼きがサクラソウの生育条件を整え、サクラソウはその花で春を告げるとともに、ヒトに春の楽しみの一つを提供した。それは、双方が利益を受ける相利共生である。

そのサクラソウが今、受難の時を迎えている。それは、生物の歴史を通じて繰り返された数十万年、数百万年というタイムスケールで生起する種の分化と絶滅、という自然の掟によるものではない。日本列島の環境を、ここ数十年の間にあまりも劇的に変えてしまった私たちは、共生関係を一方的に打ち切っただけでなく、種としてのあまりに早すぎる夭逝《ようせい》をも無理強いしようとしているのである。

園芸植物としてのプリムラ

日本では、サクラソウは江戸時代から園芸植物になっていた。西洋でもプリムラの園芸植物としての歴史は古い。エリザベス時代のイギリス式のノットガーデンには、ブルガリスとベリスの雑種がなくてはならないものであったと伝えられている。

一方、一九世紀初期にヨーロッパ人が日本を訪れたとき、すでにサクラソウには多数の品種がつくり出されていることに驚いたといわれる。それらのいくつかがヨーロッパに持ち出され、プリムラ園芸品種の仲間入りをした。ちなみに、今でも英国でよくみられるサクラソウの品種は、白花の「雪片《スノーフレーク》」、ピンクの大きな花をつける「ゲイシャガール」、少しぼやけた大きな白い目をもち紫がかった深紅の花をつける「蝶々夫人《マダムバタフライ》」だそうだ。

現代の日本には、趣味のサクラソウ園芸で次々につくり出されるきわめて洗練された見事な品種の数々がある（一部を口絵で紹介）。それを考えると、雪片、ゲイシャガール、蝶々夫人だけで、園芸サクラソウが代表されているのは何だか残念だ。花弁の表裏の色が白とピンクというように異なる花は、単にめずらしく可憐なだけでなく、たいへん粋で、サクラソウという枠内にとどまらず、園芸植物として世界に誇れる品種だと思う。

サクラソウ

プリムラ・ジュリアン

図5　ジュリアンとサクラソウ

さて、鉢植えや花壇で栽培されている最も代表的なプリムラは、ポリアンサ（和名クリンザクラ）であるが、これは数種の交雑でつくられた園芸種である。サクラソウに似た風情をもつ品種で、花茎には多数の小振りな花が咲く。サクラソウを見慣れた目には、何か物足りない。

その他、オブコニカ、マラコイデス、ジュリアンなどの種や品種が、舶来の園芸プリムラの代表的なものといえるであろう。ジュリアンは色とりどりの花を咲かせるように品種改良され、今ではプリムラのなかで最もポピュラーな品種になっているようだ。フラワーボックスや花壇など、街のなかの至るところでみかけるのはこの品種である。

最近のジュリアンは、花が大きく丸いものへと育種されてきたようで、姿があまりプリムラらしくなくなってきた。

季節を問わず街にあふれる色とりどりのジュリアン、絶滅危惧種となった春の花の野生のサクラソウ、どちらを好むかは、人それぞれであろう。しかし、前者はお金さえ出せばいつでも好きなときに手元に置くことができるが、後者は今では滅多に出逢うことができない幻の花である。あまりにも大きな違いではないだろうか。

3章　時空のはざまをぬって

——サクラソウの生活史

芽生えるタイミングを計るたね

前章では、形態的な特徴を中心に、サクラソウの仲間の紹介をした。次は、サクラソウの生活ぶりを眺めてみることにしよう。

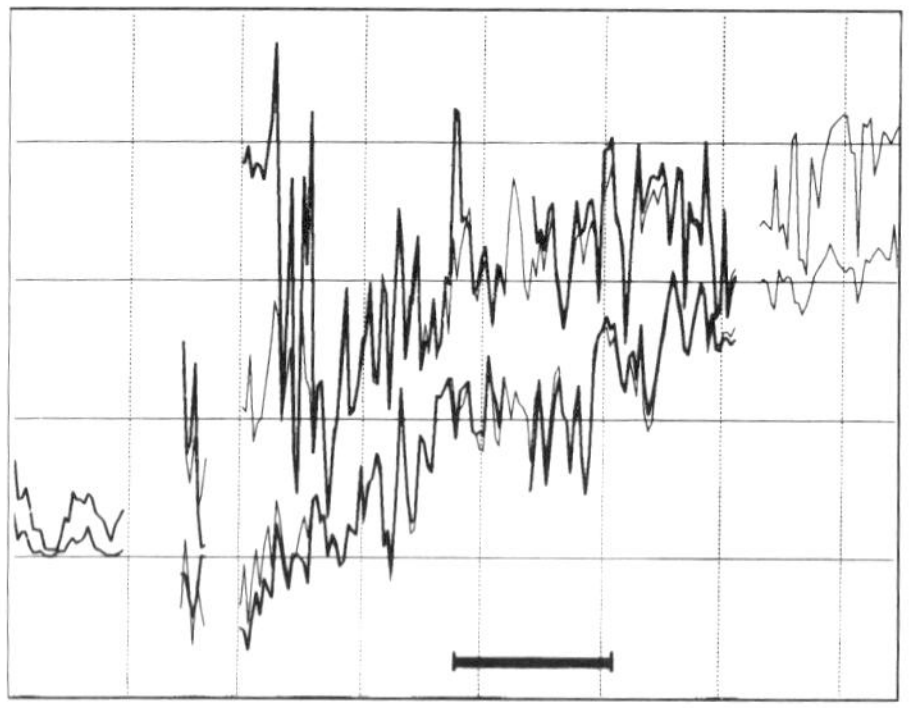

太線：日最高地表面温度と日最低地表面温度
細線：日最高気温と日最低気温
━：サクラソウの芽生えがみられる時期
（その少し前が発芽期）

花の季節が終わり、夏になると、サクラソウの種子は杯状のさく果からこぼれて地面に落ちる。この時期のサクラソウの種子は、地面が湿っていてもすぐには発芽しない。種子が成熟した時点で、深い眠りについているからである。季節が進み、種子が冬の低温にさらされると、その休眠が解ける。そして、春の雨が十分な湿り気を与えてくれれば発芽する。

発芽の時期は、生育場所の落葉樹林やオギ原の優占種が葉を広げる前である。落葉

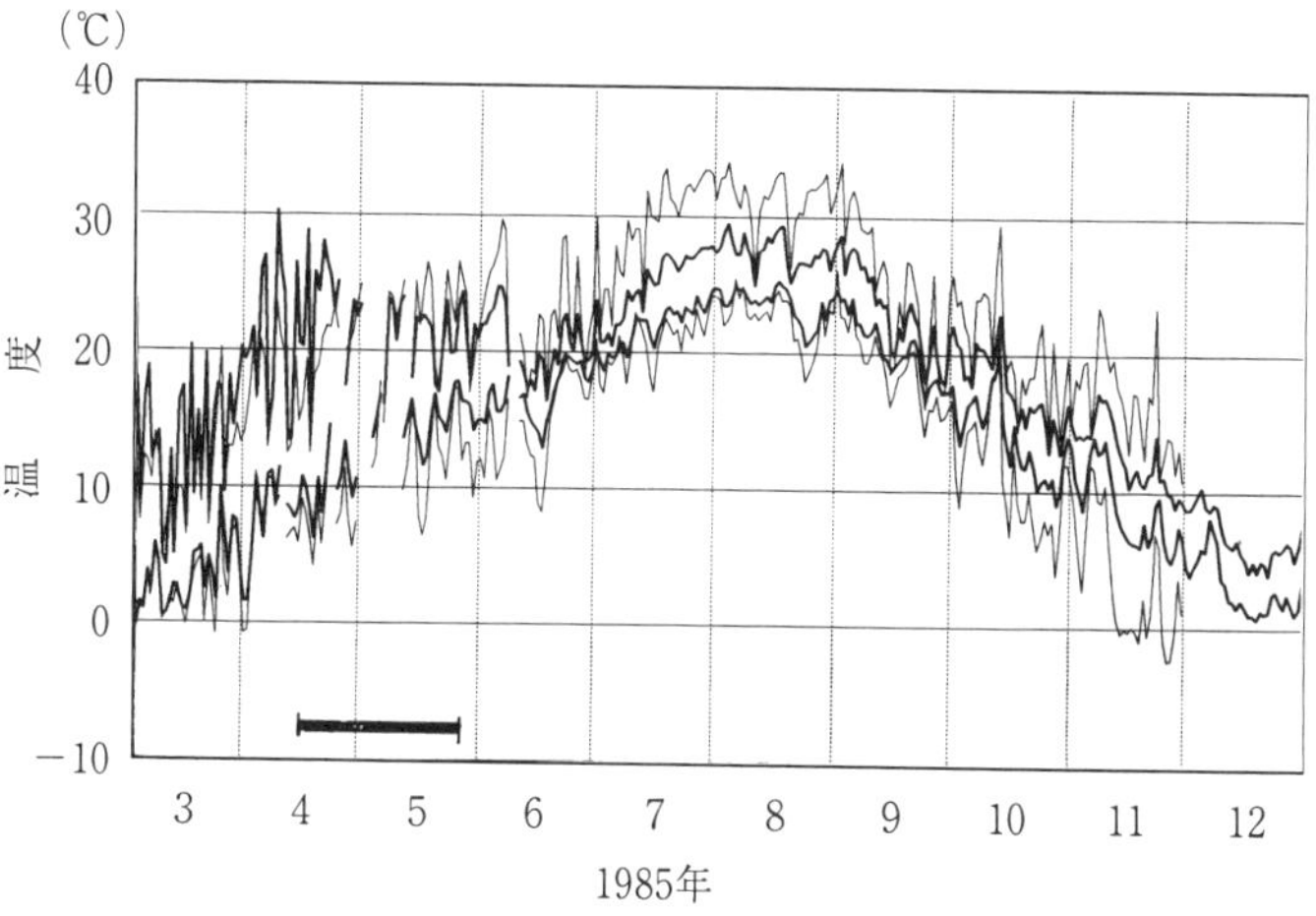

図6　荒川の河原のオギ原における春の地表面温度の変化とサクラソウの芽生え

夏の地表面は植生におおわれるため地表面温度の日較差は小さいが，春のオギの芽出しの前は，地表面温度の日較差が大きい．大きな日較差がみられる時期の後に，サクラソウの発芽がみられる．

サクラソウの種子は，湿った状態での低温による休眠解除と温度の大きな変化に対する反応性の両方の性質をもつことによって，芽生えの成長に適した春の季節的なギャップ（植生の隙間）にタイミングよく芽生えることができる．

樹や多年草が葉を開く前には、地面に陽の光が十分に届き、地表面温度の日較差《にちかくさ》（温度変化）が大きい。冬の低温で休眠の解けたサクラソウの種子は、そのような温度の日較差があると発芽しやすいという性質をもっている。種子が湿った状態で低温にさらされると休眠からさめ、温度の日較差があると発芽しやすい性質をもつことで、サクラソウは、小さな芽生えの成長に都合のよい春の季節的ギャップ（植生の隙間）で芽生える

COLUMN

サクラソウの種子を人工的に発芽させる

サクラソウの種子発芽の性質を利用すれば，実験室内で人工的に発芽させることが可能である．発芽ができる条件を整えてやればよいのだ．

種子を湿った状態にして，4℃に1～2カ月間置いておく．その後，12℃と24℃の交代温度（1日24時間のうちに二つの温度条件を交代させる温度条件，例えば12℃で16時間／24℃で8時間など）のもとに置く．交代温度は，地表面温度の日較差を実験室で模倣する温度条件である．健全な種子なら1～2週間で発芽する．

単に発芽を促進するだけの目的であれば，ジベレリン(100ppm)で処理することによって休眠を解くことができる．

ことができるのである（図6参照）。

もちろん、発芽には十分な湿り気が必要なので、その年の春、雨がいつどのぐらい降るかによって実際の発芽のタイミングが決まる。

二次元成長するクローン植物

ふつう植物の成長というと、ヒマワリの芽生えが成長して草丈が増し、同時に葉の枚数も増やしていくことか、樹木が次第に高さを増すとともに幹が太っていくことなどを思い浮かべる人が多いであろう。天に向かってスクスクと伸びる木や草に、私たちは生命の象徴ともいえるイメージをみる。

植物は、体をつくるため、あるいは生活活動に使われるエネルギーをまかなうために、葉で光合成によって有機物を生産する。上へ上へと伸びていくことは、上方から注ぐ太陽の光を利用して光合成をしなければ生きることのできない植物の宿命でもある。まわりの植物よりも少しでも高いところに葉をつけること、これが少しでも多く光を確保するための秘訣だからだ。そのため、自然淘汰による適応進化は、より高い位置に葉をつけるためのいろいろな戦略を植物に編み出させた。

しかし、一方で、上方に伸びることで光を確保することを最初からあきらめている植物もある。花を咲かせるとき以外には地上茎を立てることなく、葉を地面すれすれに広げるそれらの植物は、他の植物の生育に不適当な場所や季節を選んで生活する、いわば「隙間の植物」である。そのような植物のなかには、茎を地中あるいは地表で水平に伸ばして、その先に新しい株をつくる成長様式をもつものが少なくない。そのような成長の仕方をクローン成長という。遺伝的には同一の株を増やしていく成長だからである。それぞれの株は遅かれ早かれ、生理的に独立する。

伸びた先で生理的に独立した植物体をつくる場合、このような成長を栄養繁殖とよぶこともある。しかし、遺伝的にはこれは、むしろ樹木がたくさんの枝をつくりながら成長するのと同じ過程とみたほうがよい。

垂直方向に茎や幹を立て、さらに水平方向にも枝を張る樹木などを仮に三次元成長をする植物とよぶとすれば、もっぱらクローン成長だけをする植物は、二次元植物といえる。樹木が利用する光のおこぼれを受けて生活する林床の植物の多くが、そんな二次元植物である。本書の主人公であるサクラソウもまた、典型的な二次元植物である。同じ形・色の花を咲かせるサクラソウのクローンは、一つの種子が発芽してできた芽生えが定着し、クローン成長によって広がったものである。

しかし、サクラソウは暗い林床でじっとがまんをする植物ではない。春に季節的な光の窓のある落葉樹林やオギ原で暮らす。春の光の窓を利用して、精いっぱい光合成をして成長する。その茎頂は地面から離れることなく、成長はひたすら水平方向へ。環境に恵まれると、生育期の終わりに一株から数個以上の芽ができる。こうして株（生理的に独立した植物体）が増えていく。

もし、環境が比較的均一でまわりに何も妨害するものがなければ、サクラソウのクローンは、空間を株で埋めながら外側へ向かって同心円状に広がっていく。株どうしのつながりはすぐに切れてしまうので、大きく発達したサクラソウのクローンは、遺伝的には同一であるが生理的には独立した多数の株の集まりということになる。

肉眼で見分けられるクローン

クローンは成長に伴い、それぞれの株がちぎれて独立するので、つながりからだけではどこまでが同一のクローンかはわからない。しかし、サクラソウの場合、花に目でみてすぐ区別ができるほどの変異があるため、クローンの範囲の特定が可能だ。このことは、サクラソウの研究にとって非常に都合のよいことでもある。もともとは一つの種子が芽生えて成長して広がった株の範囲、すなわち、クローンを肉眼で見分けることができるからである。

一方、同じようにクローン成長をする他の多年草では、個体（クローン）を肉眼で見分けることはそれほど容易ではなく、酵素多型などの分子遺伝マーカーを用いて個体を識別しなければならない。

植物は、光合成によって蓄積したエネルギーと物質を、自分自身の「成長」と子孫（種子など）を残すための「繁殖」に振り分けて使う。成長と繁殖は、同じようにエネルギーと物質を必要とするから、一方を大きくすれば他方は小さくせざるを得ないという、トレードオフの関係にある。つまり、種子を十分に生産した翌年にはクローンの成長は若干抑制され、逆に受粉の制限などで種子生産が振るわなければ翌年のクローン成長が目立ってよくなることが考えられる。

萱刈りや野焼きなどの管理が行われ、光条件に恵まれた河原などでは、サクラソウのそれぞれのクローンは大きく成長して広がり、隣のクローンと株が入り交じる。江戸時代の花暦に描写されている紅色のサクラソウが咲き敷くといった光景を、いっそう微妙なところまで表現するとしたら、「濃い紅色から薄い紅色まで微妙に異なる色合いが入り混じって咲き敷く」となるであろう。

これに対してミズナラ林やカシワ林の林床に生育しているサクラソウは、光合成に十分な光が得られる時期が春先に限られるので、クローン成長も限られたものでしかない。そのため、種子による繁殖に支障がなければ、少数の株から成る多数のクローンが狭い範囲に共存することになる。そこではサクラソウは、少数の同じ花を咲かせる株が点在する景色をつくり出す。

落葉樹林のサクラソウの光条件

ミズナラ林やカシワ林などの落葉樹の林では、季節による光の条件の変化が大きい。枝葉が茂る夏と葉を落としてしまう冬とでは、林のなかの光の量に大きな差があることは容易に想像がつく。もし、ある季節、林のなかのある地点において、植物が光合成に利用できる光がどのくらいあるかを知ろうと思ったら、ただその場所から空を見上げてみればよい。枝や葉の影の間にのぞく空の面積が大きければ大きいほど、そこは光が十分に注ぎ、光合成に都合のよい場所であるということができる。

下から見上げたときに葉や枝の隙間から空がたくさんみえるということは、そこには空全体から降り注ぐ散乱光がたくさん届くはずだし、太陽が枝葉の隙間から顔をのぞかせれば、直射日光が当たる可能性も大きい。

サクラソウが葉を開き花が咲き始める頃、まだ木々は葉を開いていないので、林のなかはかなり明るい。サクラソウが花を咲かせ続けているうちに樹木は葉を開き、林内は次第に暗くなって

1991年
5月7日

5月19日

5月23日

5月30日

6月25日

写真1　林の下から空を見上げると……
八ヶ岳演習林のなかのサクラソウ自生地。枝葉が茂り林が閉じられていく。

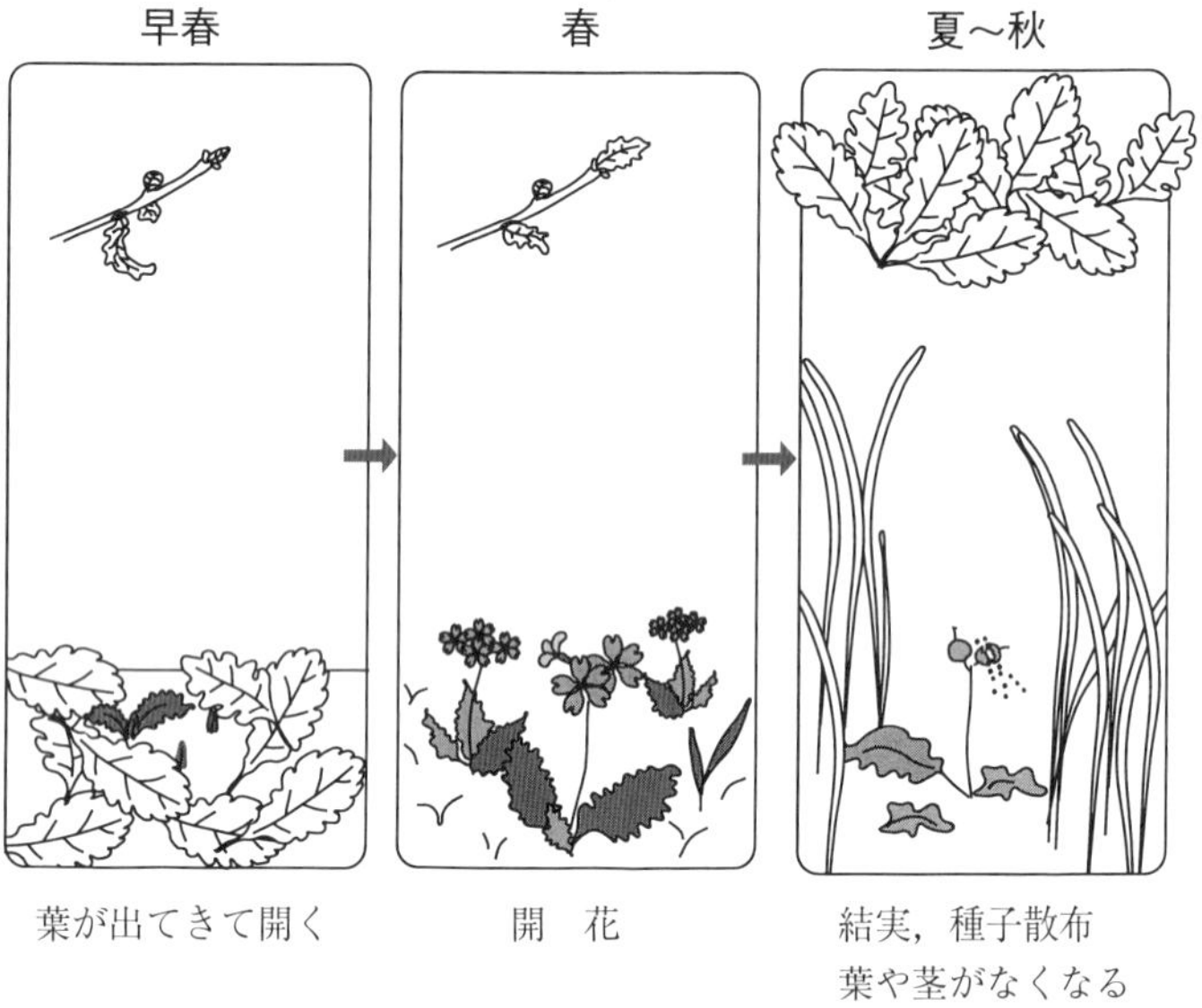

図7　カシワ林におけるサクラソウの季節変化

いく。

サクラソウがよくみられる渓流沿いは、樹木がまばらなため、林のなかの他の場所に比べると春の遅い時期になってもやや明るい。同じ林のなかでも低木や他の草本の茂る場所では、春の半ばにすでに相当暗くなってしまう。そのような場所にはサクラソウはみられない。サクラソウの生育適地は、落葉樹林のなかでも春には確実に明るい場所のようだ。

すでに述べたことだが、北海道のカシワの木は、春に葉を開くのが他の落葉樹に比べて目立って遅い。春、葉を開いた途端に急に冷たい風が吹いて、せっかく開いた新しい葉が凍ってしまうというようなことを避けるため、遅霜の心配のない春たけなわの頃に葉を開く性質が進化したのであろう。

そんなカシワの林は、主な活動時期を春にもつ小さな野草にとって、特に都合のよい生育場所である。植物の活動に適した時期になっても上の木の葉が開かないので、明るく暖かい日だまりで十分に光合成をすることができるからだ。また、明るいうちに花を咲かせることは、昆虫に花粉を運んでもらうにも都合がよい。

サクラソウは、主な成長の時期や開花の時期が春なので春植物といってもよいが、春が過ぎても積極的に葉を枯らし、葉の物質を地下部に回収するというようなことはない。適度に明るく湿った場所ならば夏まで、さらに秋まで葉をつけていることもある。

クローン成長によって無性的に生き続ける

一般に、クローン成長のことを栄養繁殖とよぶこともある。性を介した生殖をしなくても、植物はしばしの間、同じ遺伝子コピーをもちながら、生理的には独立した株を増やし続けることができるからだ。

例えば、淡い紫色の花を咲かせ、庭にも植えられるシャガは三倍体の植物なので、ふつうは種子による繁殖はしない。そのかわりクローン成長はきわめて旺盛である。庭に一株だけ植えておいたものが、少し油断をしているうちに庭いっぱいに広がってしまったということにもなりかねない。

日本では、低地から富士山の高山砂漠まで、どこでもごくふつうにみられるおなじみのイタドリが、英国に外来種として定着している。河原などにはびこって、大いに厄介ものとされているようである。イタドリは、雌と雄が別の個体に分かれている雌雄異株の植物だが、英国には雌株だけが入っている。だから、種子はできない。そのかわりに、成長したクローンの地下茎がちぎれて、その断片が新しい株をつくることによって分布を広げている。そして、今では英国における最も侵入性の高い植物の一つとみなされ、法律でその駆除が義務づけられるまでになっている。

これらクローン成長だけで分布を広げる植物は、種子をつくることに物質やエネルギーを使わなくてよい。だから、きわめて旺盛にクローン成長を行う。一見非常に効率的で、いいことづくめに感じられるこれらの種子繁殖をしない植物であるが、これらは果たして真の成功者といえるのであろうか。

ヒトは、時間の長さをふつう、一日の長さ、一年の長さ、ヒトの一生の長さで測るので、それより長い時間を感覚でとらえることが難しい。だから、クローン成長だけで一つの系統が何百年、あるいは何千年もの間維持されていることがわかれば、十分に成功しているように感じてしまう。

しかし、地球の歴史や生命の歴史を眺めるのにふさわしい時間スケール、つまり何十万年、何百万年といった時間スケールで眺めてみると、そのような系統はいずれも著しく短命であることがわかる。

というのは、減数分裂を省略して無性的なクローン成長で維持されている系統（種、変種など）には、必ず近縁の有性生殖の系統が認められ、それが比較的最近にその有性生殖の系統から分かれたことを示すことができるからである。

サクラソウも、クローンの寿命がかなり長い。しかし、その個体群の長期的な維持や遺伝的な変異性の確保のためには、やはり有性生殖が健全に行われなくてはならない。それは、花が咲いて実を結び、種子が生産されることによってはじめて可能になる。個体の寿命はどれほど長くても必ず限りがある。種子による繁殖がうまくいかなければ、その系統はいずれ絶えてしまうのだ。

種子をつくるのに鍵を握る器官は花である。サクラソウの花の「秘密」を証す前に、次章では、植物にとっての花とは何か、またもう少し広く、花の存在意義について考えてみよう。

4章　花は誰のために咲くのか

ヒトにとって花は

花は、心を慰めたり楽しませたり、またときには特別なメッセージを伝えることもあり、ヒトの心豊かな暮らしに欠かせない。一輪の花が差し出されたとき、あるいは大きなバラの花束が届けられたとき、受け取る者の心にどのような波紋が広がるだろうか? そこにはさまざまなドラマを想像することができる。

花はときには妖しくも不思議な存在となったり、神聖なもののシンボルとして重大な意味をもつこともある。キリスト教におけるユリや仏教におけるハスのように、宗教上のシンボルとなる花もある。花は、時と場所に応じて、みる者の心にさまざまな思いを抱かせる。かと思うと、単に心地よい風景をつくる小道具に使われることもある。ヒトは、喜びのときにも悲しみのときにも花を贈る。また、何気ない日常の場面にも花を置く。

太古のヒトが、死者に花を手向けた証拠が残されている。ヒトの花への想いは、ヒトの祖先がヒトに進化した頃から続いてきたようだ。それは、花が次に来る実りの豊かさの象徴であるからに違いない。花そのものが食べ物になることはなくとも、糖分やでんぷんや脂肪に富んだ食べ物が現れる前触れとしての意味は、初期の人類にとっては重大であったはずである。花好きの心は、

「多様性好み」と「食べ物への期待」がない混ぜとなったところから生まれ、文化の発展のなかでより純粋なものへと昇華したものではないだろうか。

ヒトにとってそのように多様な意味をもつ花であるが、種子植物にとっては、いうまでもなく性のための器官である。陸上植物のなかで特に多様な進化をとげている種子植物のからだは、根、茎、葉など、機能がはっきりと異なるいくつかの器官からできているが、種類ごとの特徴が最も明瞭で、しかも目立つのは花である。

サクラソウも、葉だけを地上部に出しているとまわりの緑に溶け込んであまり目立たないが、ひとたび花を咲かせれば、その自己主張は相当なものである。希少な植物でも、花が咲いているときであればみつけることがたやすい。だから、盗掘が絶滅をもたらしそうな野生のランの保護のために、花が咲く前につぼみを摘んでしまう管理を行わなければならない場合もあるのだ。

緑でない器官は居候

花をつくっているのは、がく片、花弁、おしべ、および心皮（めしべや子房の構成要素）などであり、これらは花葉とよばれる。花葉という名称からもわかるように、それらはいずれもが葉の変形だ。

ふつうの葉は、たいてい緑色をしている。葉は光合成で有機物を生産する器官なので、光合成に必要なクロロフィルをはじめとする光合成色素を大量に含むためである。光合成色素は主に赤色光や青色光を吸収し、緑色の光は透過させるか反射する。葉が緑色にみえるのはそのためである。それに対して花葉は、赤、青、紫色、黄色などの色素を含み、色鮮やかなものが少なくない。色素を全く含まない純白の花もあるが、緑を背景にすれば白ほど目立つ色はない。葉の色と同じ緑色の目立たない花を咲かせる植物もあることはあるが、それらはどちらかといえば少数派である。

光合成すなわち物質生産という面からみれば、光合成色素をもたない花は植物体のなかの居候、もう少し厳しい言い方をすれば寄生者ということになる。花を維持するためにも、結実・種子生産のためにも、光合成で生産した有機物を葉から回してもらわなければならない。部分的にでも緑色の花は、必要な有機物の一部を自分で稼ぐことができる。とはいえ、すべてを自分でまかなえるほど十分に光合成をする花はめったにない。

しかし花は、葉とは全く異なる役割を果たすので、寄生的な存在であってもかまわない。葉が成長や繁殖に必要な有機物やエネルギーを稼ぐ器官であるのに対し、花は葉の稼いだものを使って有性生殖を行い種子をつくる「繁殖のための器官」なのだから。この役割分担からみれば、花は色だけではなくそのほかの性質も、その環境での繁殖に都合よくできている。

適応形質としてみた花の形質

サクラソウの花の色や形には種内でも大きな変異がみられるが、種が違えば、花の色にも形や大きさにも、さらにいっそう大きな違いがある。

花は種によって、文字通り千差万別である。咲き方にしても、トケイソウのような大輪の花を数少なくつけるものがある一方で、セリのように目立たない小さな花をたくさん集めて咲かせるものもある。咲くときの花の集まり方にもいろいろなタイプのものがあり、そのすべてを例示することすら難しい。サクラソウのように春に咲く花もあれば、フジバカマのように秋に咲く花もある。アサガオのように朝早く開花して昼には閉じてしまう花もあれば、カラスウリの花のように夕方から咲き始め翌朝には閉じる花もある。

といった具合に、いつの季節に咲くか、あるいは一日のどの時間帯に咲き始め咲き終わるかという開花の習性も多様である。

色彩は多彩、形はさまざま、咲き方にも違いの大きい花は、生物の他のいろいろな形質と同じように、自然選択によって進化した適応形質である。環境によく合った形質は子孫を多く残すことに役立つので、その性質を決めている遺伝子は子孫に伝わりやすい。適応形質としてみれば、花の膨大な多様性もそれほど不思議ではない。

「適応」について語るとき、私たちはどうしても「～のために」という言い方をしがちである。しかし、ここで注意しておかなければならないことは、自然選択による進化は、未来や現在に向けたものではなく、過去の「成功」と「失敗」の結果の積み重ねにすぎないということである。進化は、明確な設計図に示されたイメージに向かって進むようなものではなく、突然変異に基づく、行き当たりばったりの試行錯誤である。そのため、同じ選択圧、つまり同じ「目的」に対して解決方法は一つとは限らない。

例えば、葉をガの幼虫に食べられないようにするために、ある植物はアルカロイドの毒を生産し、他の植物はシアン産生配糖体をつくり、また別のものは葉に細かい毛をいっぱい生やす、というように、それぞれが勝手気ままな解決法で対処する。そして、それぞれが、試行錯誤の結果の成功例である。

進化が試行錯誤であるということ、それも地球上の生物を多様にしてきた一因である。もしそうではなく、進化が何らかのプランに基づくものだとしたら、完璧で理想的な決まったタイプの生物だけから成る多様性の乏しい世界ができることだろう。しかも、ある時点で完璧なタイプは、地球環境の変動に伴って必ず時代遅れになるときが来る。そのときには、完璧であったはずの生物の絶滅がおこるはずである。進化が試行錯誤であり、完璧なタイプを生むようなものでなかったから、環境の変化の試練を受けても生命は脈々と現在までつながることができたのである。

試行錯誤でできた適応形質だが、そのなかにはヒトが懸命に考え抜いてデザインしたものに勝るとも劣らない見事なものがたくさんある。人間活動の犠牲になって種が一種絶滅するということは、それと同時にすばらしい適応形質がいくつもこの地球上から失われることを意味する。そして、ヒトがそれらを模倣する可能性が閉ざされることも意味する。ヒトはこれまで、どれほどたくさんのものを生き物の適応形質から学んできたことだろうか。

圧倒的な両性具有の世界

性の営みの場としての花を、性表現の点からみてみると、私たちのような動物とはだいぶ異なる事情があるようだ。

多くの動物では、雌雄が別の個体に分かれていて、有性生殖での受精の際に合体する二つの配偶子（卵と精子）はそれぞれ別の個体に由来する。ところが植物では、同じ個体に雌雄両方の機能が備わっている「両性具有」が性表現における圧倒的な多数派である。地球上の植物の九十％

以上が、雄と雌の両方の機能を同じ一つの花でもっている両性花を咲かせる植物である。また例えばヘチマのように、それぞれの花は雌か雄かどちらかの性を示すけれども、個体としては雌花と雄花の両方をつける雌雄同株の場合も、両性具有という点では同じである。

両性具有の生物では、受精で合体する二つの配偶子がそれぞれ別の個体から来る場合もあれば、両方が同じ個体から来る場合もある。そのことが、実は植物の繁殖のあり方をたいへん複雑なものにしている。植物界にはもう一タイプ、雌雄の機能を別の個体に分けている雌雄異株もあるが、これはごく少数派である。

このように、植物の性のあり方は圧倒的に両性具有に偏っている。これは、植物が自由に動くことのできない生物であることと無関係ではなさそうだ。いざとなれば、自分を性の相手としてでも有性生殖を行う必要があるからだ。

なお、両性花と一口にいっても、雌雄の機能を時間的あるいは空間的に分離するものも多い。サクラソウの花は後者に属し、異型花柱性という特殊な性をもっている。これについては次章でくわしく紹介する。

他殖と自殖

自由に動くことができる多くの動物とは異なり、植物は、積極的に性のパートナーを探したり、偶然の出会いを待って交配することができない。できるのは、何か動くものに託して花粉を交換して交配するか、あるいは自らの花粉を受粉して、つまり自分自身を配偶者として交配するかのいずれかである。前者は他殖、後者は自殖とよばれる。

自殖は、自分を配偶者とする交配（結婚）だから、とても強い近親交配である。ヒトのように個体がどちらか一方の性しかもたないような生物では、近親交配といってもせいぜい親や子、あるいは兄妹との交配ぐらいである。

有性生殖をするあらゆる生物において、近親交配で生まれてくる子供は虚弱であったり、繁殖力に劣るのが普通である。そのような現象は一般に、近交弱勢と呼ばれる。近交弱勢は適応度の低い子孫をつくるから、それを避けるための適応進化は起こりやすい。自殖を避け他殖を促進するために、植物はさまざまな適応をとげるが、これは、花の多様性をつくる一因ともなる（八四、八五ページ）。

両性花でありながら、雌雄の機能を時間的・空間的に分離するなど、細かな性の分化が起こっ

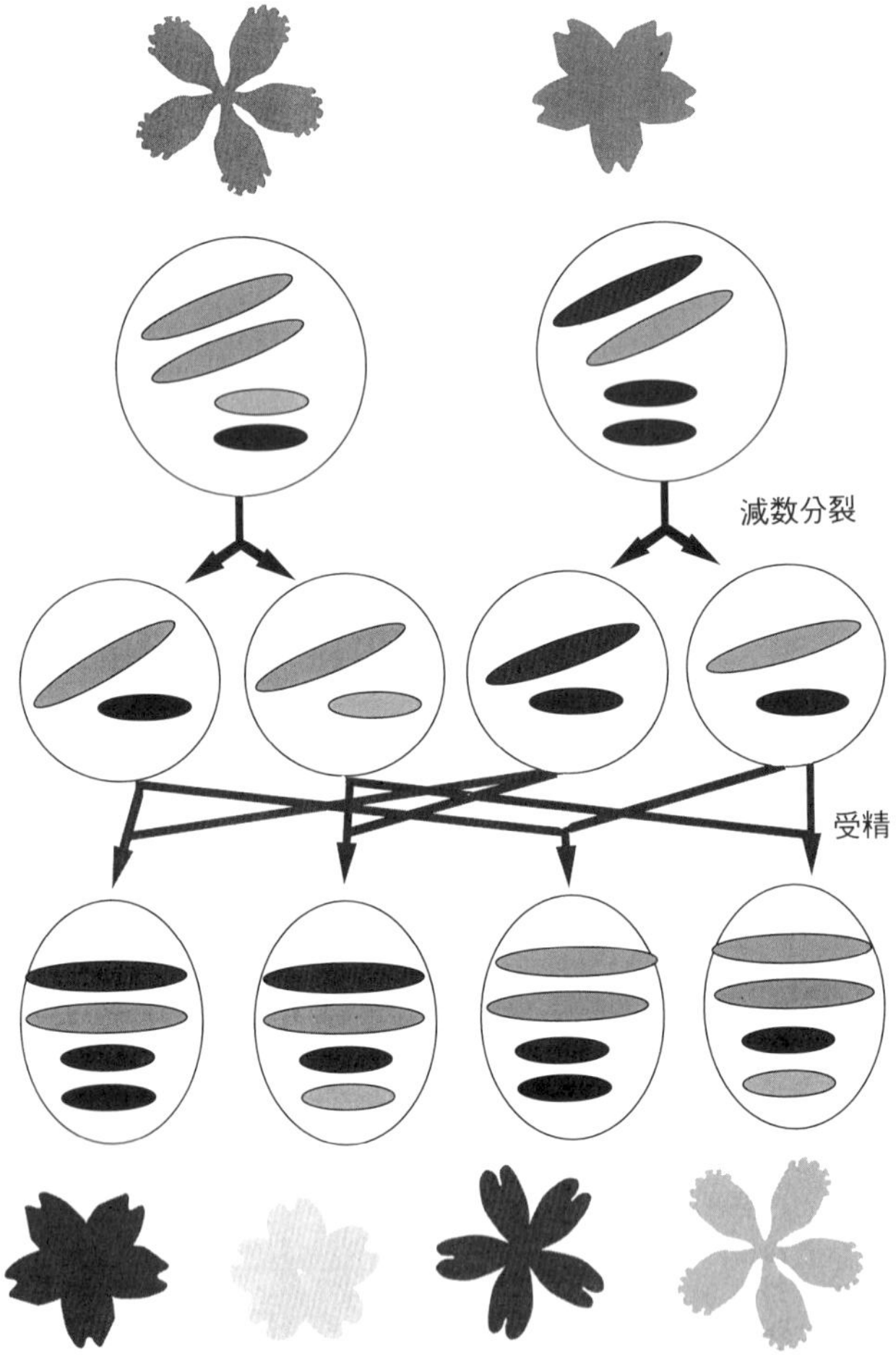

図８　他殖がもたらす多様性

他殖をすれば，遺伝的に多様な子供ができる．図では，子の染色体の組み合わせの一部のみを表した．さらに，実際には組み換えが起こるので，遺伝的な変異はもっと多様になる．

ているのもそのためである。つまり、おしべとめしべが成熟する時期をずらしていたり（雌雄異熟性）、おしべとめしべを空間的に離して配置したり（雌雄離熟性）などである。いずれも、自身の花の花粉を受粉するチャンスを小さくするのに有効であると考えられている。また、たとえ自家受粉したとしても、生理的に受精が妨げられる仕組み（自家不和合性《じかふわごうせい》という）をもっていて、自殖が避けられる。植物によっては、これらの性質を組み合わせてもつものもあり、サクラソウもその一つである。

他方、他殖には、後に述べるように不利な点も少なくない（5章参照）。つまり、自殖にも他殖にも難しい問題がある。それは、自ら動くことのできない固着性の生物である植物を悩ませ続けるジレンマであるともいえるし、多様な花を進化させる契機であるともいえる。

必要な二種類のパートナー――配偶者と花粉の運び手

自ら動くことのできない植物が他殖を行うには、花粉を何か動くものに託して移動させなければならない。それゆえ繁殖のためには、配偶者の他に花粉を運んでくれるポリネータ（送粉者）がもう一種類のパートナーとして必要になる。

ポリネータは、何らかの動くものであり、雄の配偶子を納めた花粉を他の花に運ぶ役割を担え

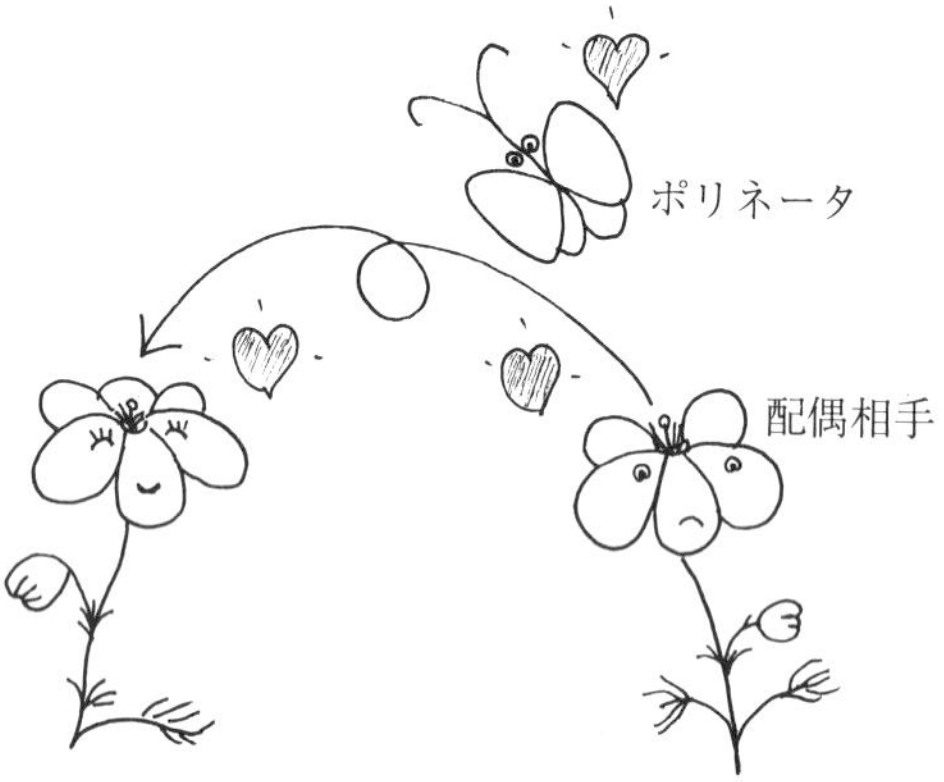

図９　動けない植物には2種類のパートナーが必要

るものなら何でもよい。それは、水や風のような物理的な媒体であることもあれば、動物であることもある。動物では、ハナバチ、ハナアブ、チョウなどの昆虫たちが、花のよきパートナーとして、蜜や花粉をもらうかわりに授粉のなかだちをする。

日本ではあまりなじみがないが、アメリカ大陸ではハチドリ、熱帯地域ではコウモリ、オーストラリア大陸ではフクロギツネなどのほ乳動物も、ポリネータとして活躍する。ポリネータが花の形態や色に及ぼす選択圧は非常に大きく、花の色や形をみるだけで主要なポリネータを予想することができるほどである。

同じグループの植物、ときには同じ種内でも、ポリネータに応じて花の形を変えていることがある。北米のギリア属（ハナシノブ科）の植物に、その典型的な例をみることができる。

また、逆に他人の空似、つまり同じポリネータを利用する全く異なる系統の花の外見が、非常

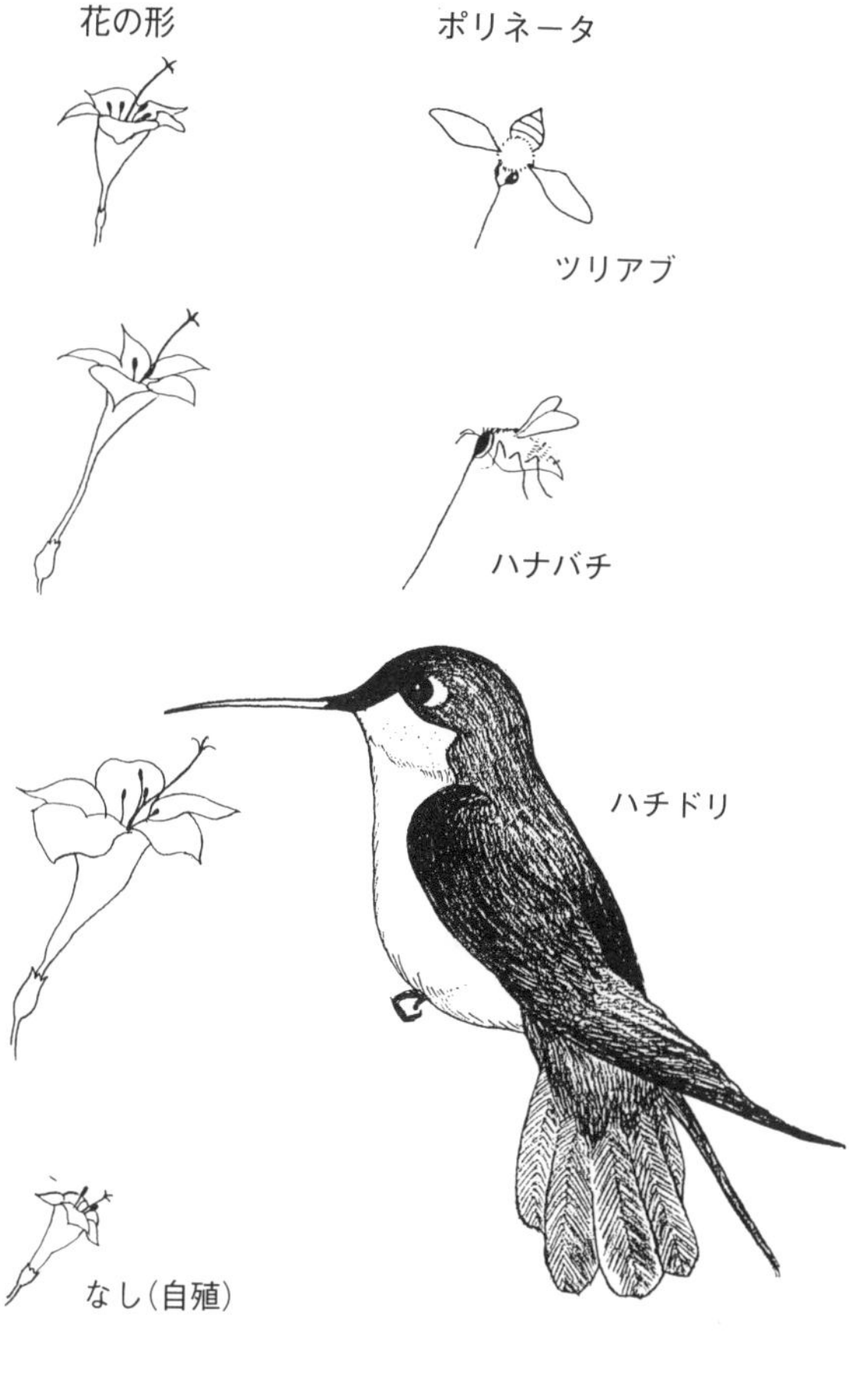

図10　ギリア・スプレンデンス(*Gilia splendens*)の変種とそのポリネータ
(Grant & Grant, 1965より)
異なる地域に生育する変種が，そこでのポリネータに応じて花の形を大きく変えている．花筒の長さはポリネータの口に合ったものとなっており，自殖性の変種では花は小さく目立たない．

によく似ていることがある。例えばハチドリ媒花は、ハナシノブ科とシソ科というように科が異なっても互いによく似ている。それらは燃えるような紅色で、二センチを超えるほどの細長い花筒をもつ。花壇でおなじみのサルビアの花を思い浮かべていただけるだろうか。あれが、色も形も正真正銘のハチドリ媒花である。

花が気を引こうとするのは

あでやかなクジャクの羽や小鳥のさえずりなどは、配偶者となる可能性のある異性の気を引くことを選択圧として進化したもの、と説明される。植物は、配偶相手の気を引く必要はなさそうだ。そのかわり、ポリネータが動物の場合には、花粉を運んでくれるもう一方のパートナー、ポリネータの気を引くことが肝心だ。

気を引くための常套手段は、餌で釣ることである。相手にアピールする姿形というのも効果的だ。植物はポリネータの餌となる蜜や花粉を花のなかに用意する。その一方で、注目を集めることができるように、姿形を魅力的にすることも忘れていない。つまり、餌だけでなく、花冠や花序の形態や色彩、芳香などのシグナルを発信して目当ての動物を誘う。

なお、ポリネータは、単に実を結び種子をつくるために必要なだけではない。その行動によって決まる植物個体間の花粉の授受のあり方によって、配偶の組み合わせが決まる。それに応じて、植物個体群の遺伝的な構造が決まる（9章）。結婚相手をより好みするためには、他人任せの花粉の動きを多少ともコントロールできるような花のしくみを工夫するか、なるべくたくさんの花粉を柱頭で受粉し、そのなかから気に入った相手を生理的な相性によって選ぶ、という手しかない。多くの植物が後者のやり方で相手を選ぶ。

ところが、サクラソウなど一部の植物は、その両方を併用して配偶相手を選ぶ。その巧妙な方法については5章で述べる。

花とその主要なポリネータとのかかわり合いを生態学的に理解することは、花のさまざまな形質の進化を解明するために必要なだけでなく、植物の種や個体群の保全のための基礎的情報としても重要である。そのため、花とポリネータとの生物間相互作用は、今では繁殖生態学と保全生態学の両方で人気のある研究テーマとなっている。

自然選択による進化と適応度

生物の形態・生理・行動などは，見た目にもその生物が生息・生育する環境によく適したものとなっている．それを適応というが，それは，個体の生存・繁殖に有利に働く表現形質が自然選択によって進化した結果であると考えることができる．つまり，自然選択による進化によって「環境によく合った性質」をもつようになることが適応である．

さて，ある形質に関する自然選択は，次のような条件がそろったときに起こる，次の世代に向けての遺伝子頻度の変化である．

① その表現形質については個体間に変異がある．

② その個体群内では適応度にも個体間差がある．

③ その表現形質と適応度の間には何らかの関係が存在する．

④ その表現形質の変異は遺伝的な変異である．

③の条件，表現形質と適応度の関係は，その生物が生きる環境によって決まるものである．その関係を決める環境の作用が選択圧である．

適応度とは，ふつうは子の数で評価される個体の次世代集団への貢献度である．適応度の高い個体とは，成熟年齢まで生き残ってたくさんの子供をつくる個体である．

適応度は，生活史のそれぞれの時期の生存確率，繁殖の成功率や回数，１回の繁殖でつくられる子の数などによって決まり，生涯の適応度はそれら適応度成分の積の形で表される．適応度成分を大きくする形質は，適応度を大きくすることを通じて選択されることになる．

①～④の条件がそろえば，表現型に応じて個体の次世代への貢献度は異なる．特定の表現形質をもつ個体が，その表現形質を決めている遺伝子をもつ子を多く次世代に残すことになり，その遺伝子の頻度は，③の関係と④の遺伝支配のあり方に応じて次世代で増加する．そのような自然選択による遺伝子頻度の変化が何世代も続けば「自然選択による進化」がもたらされる．

左ページのイラストには，ポリネータを選択圧とした花の形質の適応進化の仮想的な例を示した．ハチドリが多くいる場所では赤い花，マルハナバチが多い場所ではピンクの花が進化する．

COLUMN

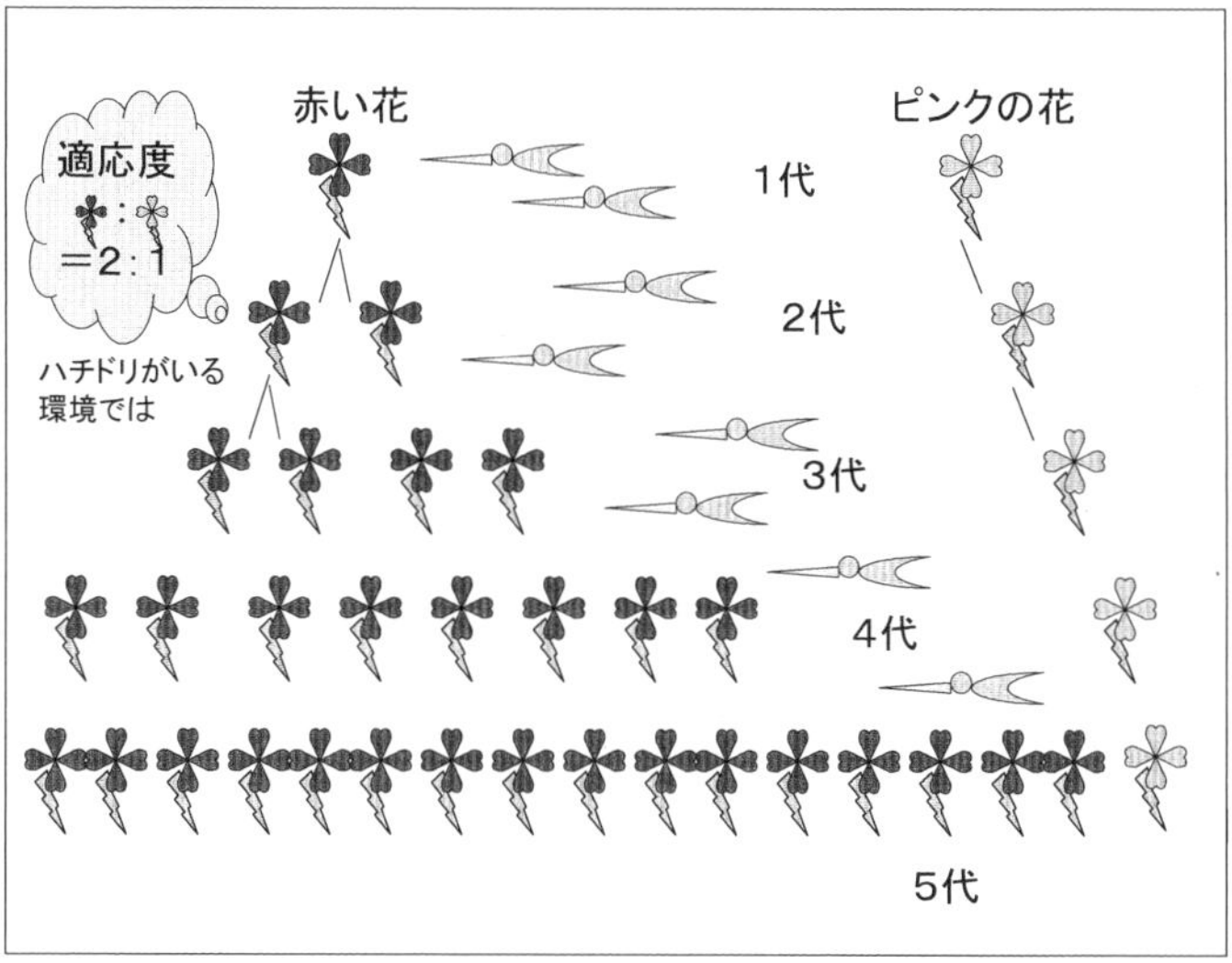
適応度
=2:1
ハチドリがいる
環境では
赤い花
ピンクの花
1代
2代
3代
4代
5代

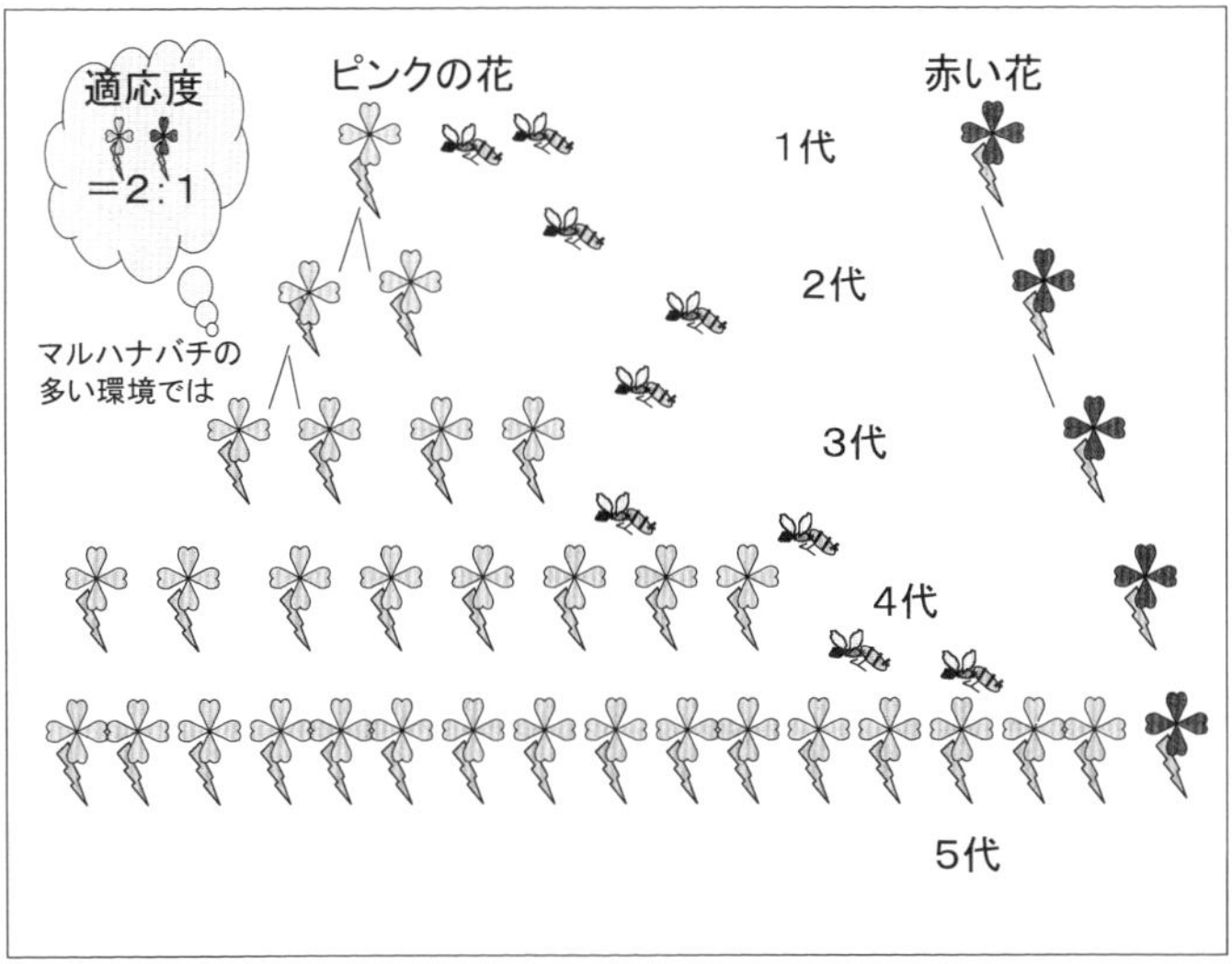
適応度
=2:1
マルハナバチの
多い環境では
ピンクの花
赤い花
1代
2代
3代
4代
5代

われるので，それらは有害遺伝子とよばれる．しかし，多くの有害遺伝子が劣性遺伝子として振る舞うので，その遺伝子をヘテロ接合でもつ個体には有害遺伝子の影響は表れない．突然変異の率は低いから，一般には有害遺伝子がホモ接合になる確率は低い．だから，任意交配が行われている大きな集団では，個体はヘテロ接合で有害遺伝子をいくつももっているが，それらはめったに発現しない．

ところが，親子・兄弟のように祖先が共通で，同じ遺伝子を共有している可能性が高い近親者どうしでの交配では，ふつうはめったにホモになることのないまれな劣性の弱有害遺伝子や致死遺伝子がホモになるチャンスが著しく高まる．そのために有害遺伝子が発現して，近親者の間の交配で生まれる子供が虚弱になったり，繁殖力が劣ったりする現象が「近交弱勢」である．ヒトの例では，ヨーロッパの王室で，近親者どうしの結婚が多かったために歴代の王たちが血友病に悩まされたことなどがよく知られている．

血統の純血性を保とうと努力すると，その血統が虚弱化せざるを得ないというジレンマがあり，それを防ぐためには時々新しい血を取り入れなければならないということには，ずいぶん古くから気づかれていたようだ．ヒトの社会では，兄妹，親子の結婚は，モラルや法律で禁じられている．

両性花や雌雄同株の植物の自殖は，自分を配偶者とする最も徹底した近親交配である．だから，弱有害遺伝子や致死遺伝子がホモになって近交弱勢を引き起こす可能性はいっそう大きい．自然選択による進化では，子孫の生存力や繁殖力を大きく低下させるような性質は，強く排除される．両性花や雌雄同株の植物では，条件が許す限り，自家受粉をせずに他家受粉をするためのしくみをもっていることは，自殖には近交弱勢という不利益が伴うためと解釈することができる．

COLUMN

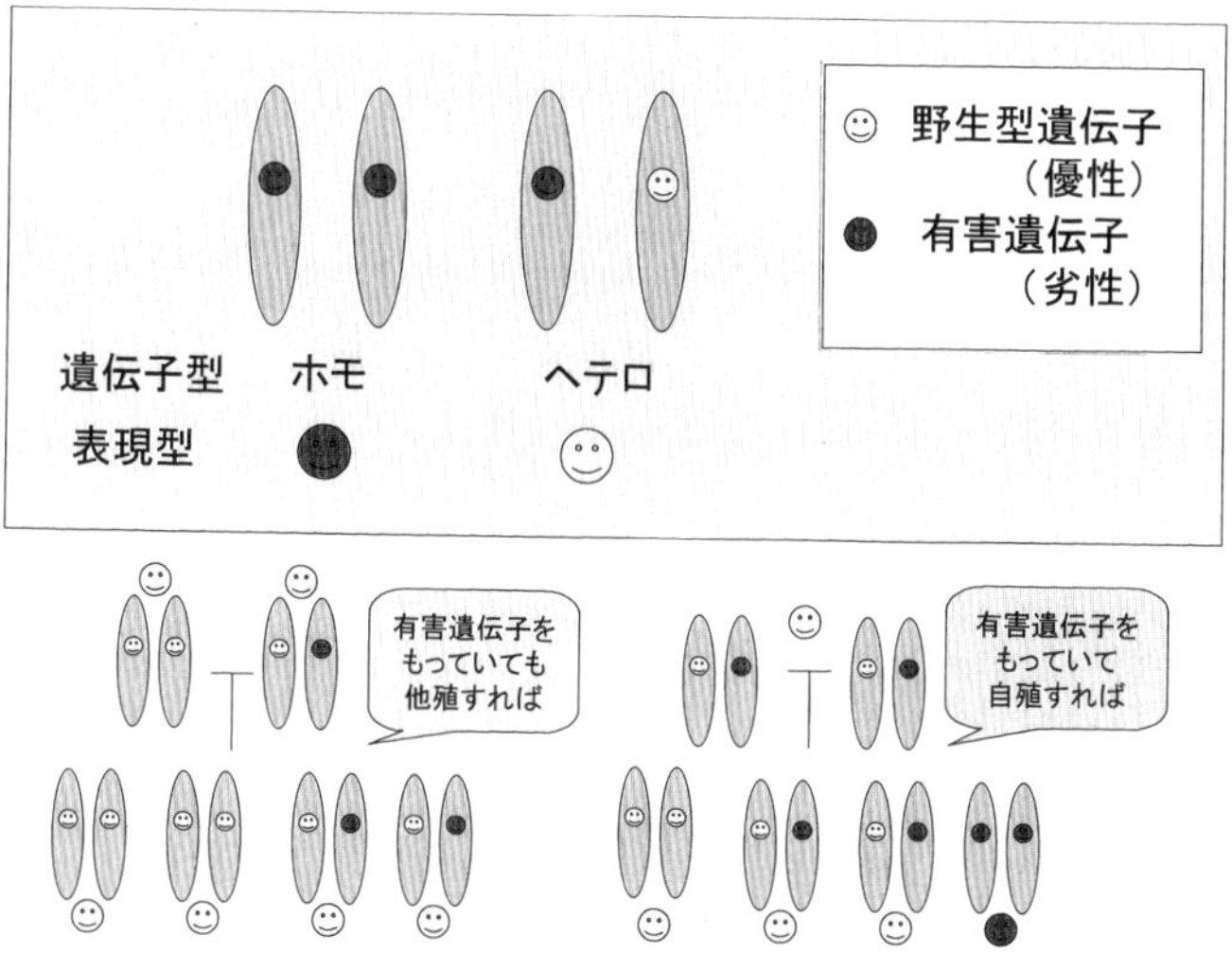

ホモ接合とヘテロ接合，有害遺伝子：

体細胞のもつ２本の染色体において，同じ位置にある遺伝子が全く同じものである場合をホモ，違うタイプのものである場合をヘテロの組み合わせという．遺伝子のなかには，ヘテロの状態では，その性質が表われず，ホモになってはじめてその性質が表れるものがある．劣性の対立遺伝子とよばれるものがそれだ．ホモになると表現され，個体の生存や繁殖を多少不利にするような劣性遺伝子は弱有害遺伝子，それを保有する個体を死に至らしめるほどの強い効果をもつ遺伝子は致死遺伝子とよばれる．

近交弱勢とは？：

突然変異は，多くの場合欠陥のある遺伝子をつくり出す．そのような遺伝子が発現すると健康に生命を営むのに必要な何らかの機能が失

5章　瞳の秘密

どちらの瞳がお好き？——タイプは二つ

　さて、サクラソウの花が「目」をもっていることはすでに述べた。花筒の中央部を取り囲むように白く縁どられた目が、周囲をみすえている。

　花をみたら、その目をじっとみつめてみよう。クローンごとに異なる、濃い赤紫色の花の目、薄いピンクの細い花びらの花の目、というように、いろいろなクローンの目をみているうちに、目のなかにみえる黄色い瞳には、形の違う二タイプがあることに気づくであろう。英語ではその形から、瞳がまん丸で、虫ピンの頭のような形をしているものをピンの目、光彩がはっきりとみえるものはスラム（織物の織り端）の目とよぶ。

　瞳の違いを植物学の言葉で説明すると、ピンの目は、花筒口に丸い柱頭（めしべの頭、ここで受粉する）がのぞいてみえる目、スラムの目は、五葉の葯（おしべの先の袋、ここに花粉ができる）の先端がのぞいてみえる目ということになる。いろいろなクローンの瞳を調べてみると、ピンの目をもつものとスラムの目をもつものが、大体一対一の比率になっていることがわかるだろう。

　サクラソウに限らず、ほとんどのプリムラ属の仲間が二つの形の瞳をもっているので、身近に

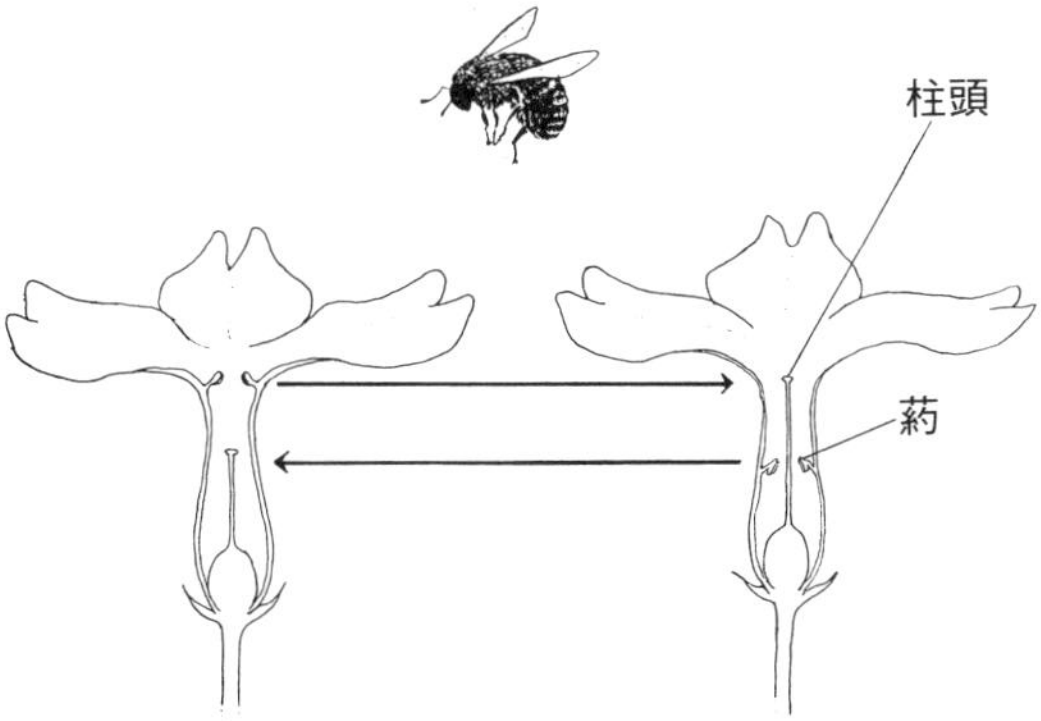

図11　サクラソウ属の二型花柱性
矢印は和合性のある有効な受粉を表す.

咲いているプリムラの目をのぞいて確かめていただきたい。私は、フラワーショップの店先でも公園の花壇でも、プリムラをみかけると、必ず瞳のタイプを確認してしまうという困った習癖を身につけている。そのようなとき、二タイプそろっているのがわかれば気分がよいが、どちらか一方だけだと何だか落ち着かない。

二タイプの瞳があるのは、サクラソウおよび大部分のプリムラが、「異型花柱性」というめずらしい繁殖のしくみをもっていることによる。それぞれのクローンが、どちらのタイプの瞳をもつかは遺伝的に決められており、ピンの目をもつ花を長花柱花、スラムの目をもつ花を短花柱花とよんでいる。

サクラソウの花は筒状の部分が細く、上からのぞいただけでは、めしべやおしべの正確な位置などはわかりにくい。瞳の違う花の構造をよりくわしく観察するために、サクラソウの花をカミソリの刃できれいに縦切りにしてみよう（図11）。

COLUMN

異型花柱性

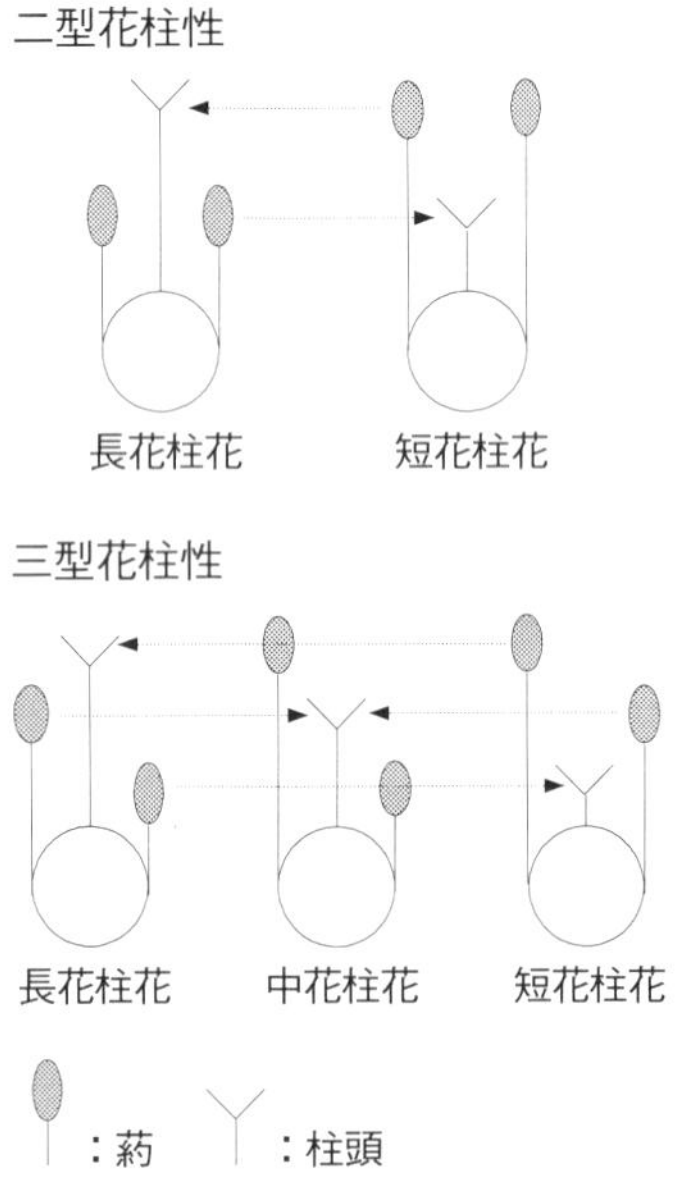

矢印は和合性のある授粉を示し，それ以外は不和合．

異型花柱性とは，サクラソウ科，ミソハギ科など，種子植物の25の科で独立に進化した独特の性のシステムである．

二つの花型から成る二型花柱性と三つの花型から成る三型花柱性がある．

めしべとおしべの位置が同一の花のなかではずれており，異型の花の間では交互にその高さが一致している．

生理的には自家・同型不和合性を示す．

異型花柱性は，虫媒あるいはハチドリ媒の多年生植物に限定されており，自殖回避・他殖促進の機能ゆえに進化したと考えられている．

長花柱花と短花柱花では、花筒の内側に並ぶ葯と、子房から直立した花柱の先端の虫ピンの頭のような柱頭の位置が、上下に大きくずれていることに気づくはずである。花筒の開口部に虫ピンの頭のような柱頭がみえていた長花柱花では、葯は低い位置についており、逆に開口部に葯がみえていた短花柱花では、柱頭が低い位置にある。

これら二つのタイプは、生物一般の雌と雄の違いにやや似ている。というのは、基本的にはタイプの異なる花の間で受粉したときのみ、花粉が正常に発芽して受精がおこるからだ。まるで、雄花と雌花のように、お互いに異なる性をもっているかのようにもみえる。

長花柱花をつけるか短花柱花をつけるかは、クローン、つまり個体の遺伝的な性質として決められているので、同じクローンに長花柱花と短花柱花の両方が咲くことはない。

実はサクラソウには、ごくまれに、柱頭と葯の高さの等しい等花柱花が認められることがある。いわば、第三の花、である。今までにサクラソウでみつかっている等花柱花は、柱頭も葯も低い位置にあるものだ。瞳が奥に引っ込んだ、くぼんだ目をもつ花といえばよいだろうか。このタイプのものは、繁殖のうえでも特異な性質をもっている。自分の花粉を受粉して自殖で種子をつくる性質、つまり自殖能が大きいのである。

瞳の違いを読む――ダーウィンに始まる研究

すでに述べたように、植物が他殖を行うためには、配偶者以外にどうしてもポリネータが必要である。ポリネータの助けを借りなければ、他の個体との花粉のやりとりができない。ところが、ポリネータとなる動物が花を訪れるのは、もっぱら餌を採るためである。ポリネータが餌集めに必死になっている間に花粉を体のちょうどよい位置に付着させたり、それが首尾よく他の花の柱頭に落ちるように仕組むのは花のほうである。そのような花の工夫があれば、動物たちは全く意図せずにポリネータとして働いてしまうのだ。

植物界においてどちらかといえばめずらしい異型花柱性が、一体どのような意味をもつのか、何に役に立っているのかについて、はじめてはっきりした形で見解を述べたのは、チャールズ・ダーウィンである。ダーウィンは、プリムラを主な材料として異型花柱性を研究し、異型花柱性についての本も著している。

ダーウィンは、異型花柱性をもつ花の葯と柱頭の高さに着目した。同じタイプの花では葯と柱頭の高さがずれているが、異なるタイプの間では葯と柱頭の高さは一致している。つまり、タイプが異なる花どうしが組み合わさることがあるとしたら、葯と柱頭の位置はちょうど合致することになる。そこでダーウィンはこのことを、花粉の授受によって受精が起こり種子をつくることのできる潜在的な配偶相手の間で、花粉のやりとりを効率よく起こすための花の工夫であると解釈した。

花は動けないから、花粉の授受はポリネータを介して行われる。お互いに受精能力のある花どうしでの花粉の移動を容易にするためには、まず、それぞれの花型の葯がポリネータの体の異なる部位に付着し、ポリネータが次に訪れる異なるタイプの花の柱頭にそれがうまく授粉される、というようなことがなければならない。

では、そのような花粉のつき分けは、実際に起こるのだろうか？　できることなら何でも実験で確かめるという実証精神の旺盛なダーウィンは、それを確かめるために、死んだハチの舌や針などをプリムラ・ベリスの花のなかに差し込んでみた。そして、そのようなつき分けが起こることを確認したのである。

さて、花のなかでの柱頭や葯の位置、それらと蜜腺の間の位置関係などは、昆虫が吸蜜するときにその体のどこに葯や柱頭が接触するかを決めることになる。つまり、葯から昆虫の体へ、また昆虫の体から柱頭へと花粉が移動する可能性や効率に影響を与える。したがって、花のなかでの葯と柱頭の位置には、強い選択圧がかかることが考えられる。

サクラソウはクローンによって葯や柱頭の高さにかなりの変異があるが、集団全体についてみると、長花柱花の柱頭の高さと短花柱花の葯の高さ、そして、短花柱花の柱頭の高さと長花柱花の葯の高さは、いずれもその平均値がピッタリと一致している。つまり、一つの花のなかでは大きくずれている柱頭と葯の高さが、集団全体では長花柱花と短花柱花の間で交互に一致しているのである。

COLUMN

ダーウィン，死んだハチで実験する

～ダーウィンの著した異型花柱性の本『The Different Flowers on Plants of the Same Species』の一節から～

「プリムラ・ベリスやプリムラ属の他の種の花には蜜がたくさんある．私はしばしばマルハナバチ，特にボンブス・ホルトルムとボンブス・ムスコルムが，ときにはきちんとしたやり方で蜜を吸うのをみたこともある．また，私の息子の一人が蜜を吸っているガの1種を捕らえたから，ガがこれらの花を訪れることも間違いない．花のなかに細いものが差し込まれると，それが何であっても花粉は容易にそれに付着する．一つの花型の花の葯は，大体もう一方の花型の花の柱頭と同じ高さにあるが，厳密に等しい高さではない．なぜなら，葯と柱頭との間の距離は長花柱花におけるよりも短花柱花でやや大きく，その比は90：100である．

このような葯と柱頭の位置関係により，次に述べるようなことが起こる．つまり，互いに混ざって生育している2種類の花型の花を昆虫が訪れるときを想定して，死んだマルハナバチの舌，あるいは硬い剛毛やざらざらした針などをまず一方の花型の花冠に押し込み，そして次にもう一方の花型の花に挿入すると，短花柱花の花粉は差し込んだものの元のほうに付着してから確実に長花柱花の柱頭に落とされ，他方，長花柱花の花粉は，差し込んだものの先端よりやや上方に付着し，そのうちの幾分かが短花柱花の柱頭に残される．

また，これら両方の花型の花粉は顕微鏡の下で容易に区別できるのだが，野外で訪花中に捕らえた2種のマルハナバチの舌やガの口吻に付着している花粉を調べると，観察結果とよく一致するつき方をしていた．ただし，若干の小さな花粉粒（長花柱花の花粉のことをさす）が大きな花粉粒に混ざって舌の元のほうにもついている一方で，大きな花粉粒もその若干が小さな花粉粒に混ざって舌の先に付着していた．

花粉は，このようにして規則的に一方の花型から他の花型へと運ばれ，交互に受粉が起こるはずである．……」

若き日のダーウィン

パートナー確保のために進化と崩壊を繰り返す

配偶相手およびポリネータという二種類のパートナーは、移ろいやすい野外の環境では必要なときにいつも必ず確保できるとは限らない。しかも、どちらのパートナーが欠けても他殖は難しい。そこで、自分を配偶者としてでも有性生殖、つまり自殖を行えるように、多くの植物は両性の機能を備えた花を進化させた、と考えることができることを前章で述べた。

一方で、花は自殖を避けるために、さまざまなしくみを進化させている。サクラソウ属の植物にみられる異型花柱性も、そのような機構の一つである。確実に繁殖を行うために自殖に適した両性花を進化させたというのに、多くの花が今度はそれを避けるための多様なしくみをも進化させたのである。それは自殖、すなわち強い近親交配による近交弱勢を避けるためである。

相反する方向に花を導こうとする二つの選択圧にもまれながら、その形においても、生理的な性質においても、花はますます微妙で多様なものへと進化してきたのである。異型花柱性の進化や崩壊のドラマをその花の姿に秘めるサクラソウは、授粉を昆虫に託す花に作用する選択圧の微妙で複雑なありさまを理解するためのまたとない研究材料なのだ。

COLUMN

生理的自家不和合性

生理的自家不和合性は，自家，すなわち同一個体の花粉を受粉しても発芽が生理的に阻害されたり，花粉管の胚珠への進入が妨げられたりして，受精が起こらない性質である．それは植物における自他認識の機構であり，自家受粉による種子生産を積極的に妨げるという意義がある．その分子的な機構についてはまだ十分には理解されてはいないが，糖タンパク質や特殊なRNA分解酵素が関係していることが示唆されている．

種子植物の自家不和合性は，それぞれ胞子体性(sporophytic)および配偶体性(gametophytic)とよばれる二つのシステムに分類される．胞子体性の自家不和合性では，花粉の自家不和合性に関する表現型がその花粉をつくった親植物体(胞子体)の遺伝子型によって決まる．それに対して，配偶体性自家不和合性では，減数分裂の後に形成される花粉(配偶体)の遺伝子型によって決まる．

自家不和合性座位を占めるs対立遺伝子のタイプはふつうは多数あって，胞子体性自家不和合性では，それらの間の優劣関係に応じて花粉やめしべの表現型が発現する．

別個体の間での交配においても，花粉とめしべのs遺伝子の表現型が同じであれば，不和合性が発現されるために，種子は形成されない．ただし，花粉とめしべで異なるs対立遺伝子間の優劣関係が異なるため，同じ2個体の間の交配の場合でも，どちらを花粉親(父親)あるいは種子親(母親)とするかによって不和合性が表れたり表れなかったりすることもある．

個体数の一時的な減少などにより，集団のなかに保たれるs対立遺伝子の数が少なくなると，受粉した花粉がめしべと同一のs座位表現型を示す確率が高くなり，他個体どうしの交配でも不和合性を示すようになる．

異型花柱性では，もともとs対立遺伝子の数が二つあるいは三つと少なく，柱頭や葯の高さを決める遺伝子と強く連鎖している．だから，自家不和合性よりずっと不和合性の範囲が広い同型不和合性を示す．

COLUMN

他殖促進の仕組みとしての異型花柱性はどのように進化してきたか？

すでに少し触れたように，サクラソウなどの異型花柱性では，雌雄離熟性と生理的な自家不和合性が組み合わされ，雌雄の別とは違う独特な性のシステムを形成している．異型花柱性では，個体が遺伝的に異なる２種類の花型（二型花柱性の場合は２種類．三型花柱性では３種類の花型）に分かれていて，花の繁殖器官の位置が相互に異なるだけでなく，自家・同型自家不和合性，すなわち，異なる花型の花粉による授粉でのみ結実するような性質をもっている．

異型花柱性の進化において，自家・同型不和合性という生理的な性質と，交互的な雌雄離熟性という形態的な特性のどちらが先に進化したかという問題は，研究者の間でも議論のあるところだ．そのなかで，比較的わかりやすい考え方は，次のようなものである．

まず，最初に生理的な不和合性が進化した．それは，近交弱勢を避けるために他殖を促進するという選択圧のもとに進化したものである．しかし，その不和合性では，多数の対立遺伝子を含む生理的自家不和合性の場合とは異なり，対立遺伝子の数が二つに限られていた．そのため，不和合性にかかわる表現型も二つに限られてしまう．それは，受精成功の効率の点からみてきわめて不都合である．なぜならば，花粉が集団のなかでランダムに他個体に受粉すると，柱頭が受粉した花粉の半分は不和合で無駄になってしまうからだ．その不利な点を補うために，和合性のある花粉だけを効率よく受粉するしくみとして，異型花柱性固有の特殊な花の形，つまり，交互的な雌雄離熟性が進化したとするものである．

6章　絶滅が忍び寄る

森や湿原が陸の孤島となってゆく

今日では、多くの生物の種や個体群の絶滅の危険が増している。その危険を高める主要な原因の一つと考えられているのが、生育場所の破壊や分断・孤立化に伴う個体群の縮小や孤立化である。それは、乱獲・過剰採集や侵入生物の影響とともに、人間活動が種の存続を脅かす主要な要因であるとされている。

狩猟・採集経済の時代には、ヒトは主に乱獲や過剰採集によって他の生物に圧迫を加えた。人類が農業・牧畜を始めてからは、生育場所の破壊や分断・孤立化が野生生物を苦しめるようになった。

侵入生物の影響が著しくなったのは、大航海時代以降である。ヒトの移住や物資の輸送が盛んになるにつれて、意図されたもの、意図されなかったものを問わず、生物の移動が頻繁になり、侵入生物によってもたらされる脅威も次第に大きくなっていった。人口の増加や経済の発展、工業化の著しい現代では、これら三つの要因のいずれもが、生物多様性に非常に大きな影響を与えつつある。

生息・生育場所の喪失や分断化をもたらすのは、森林の伐採や湿地の干拓などを伴う開発であ

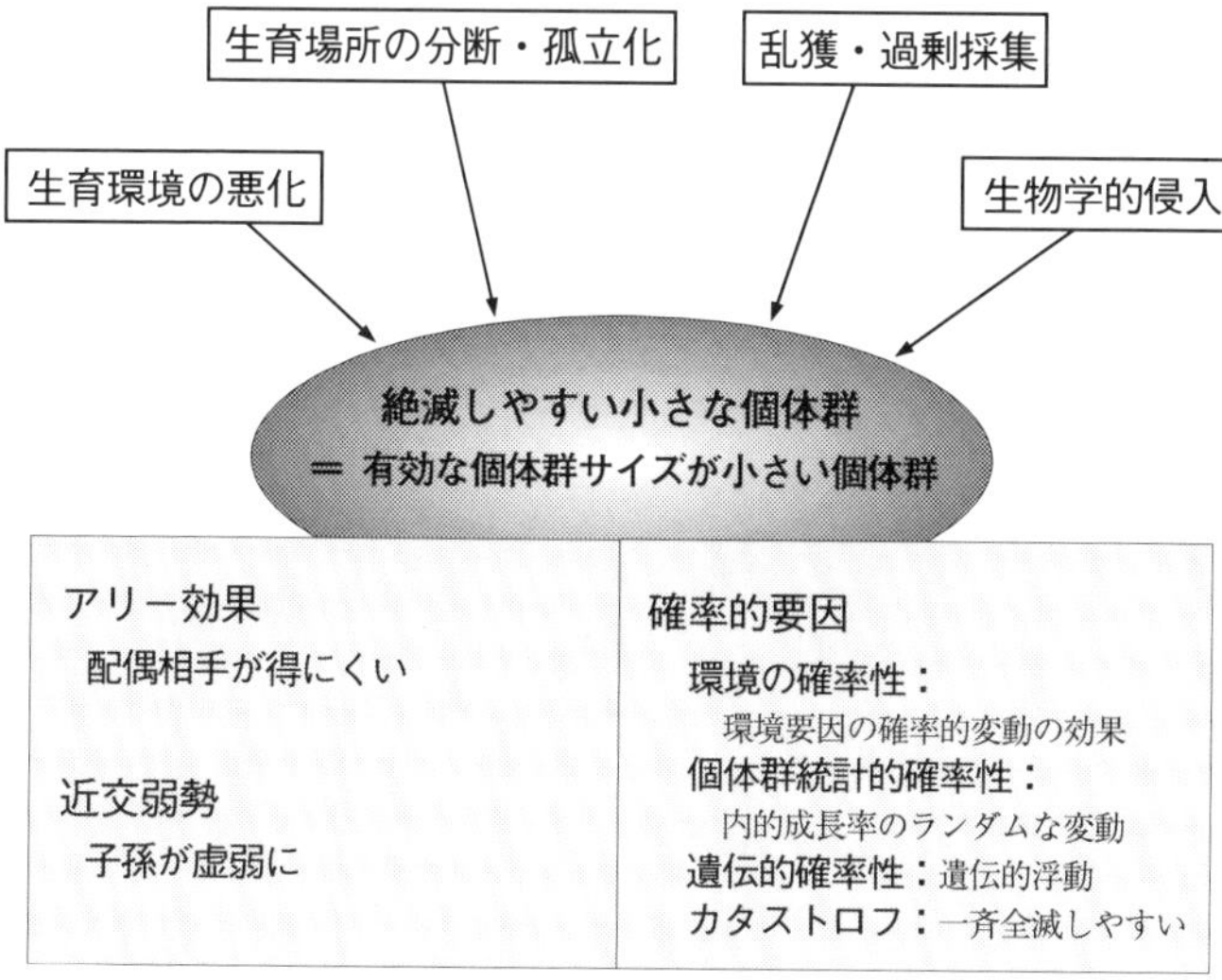

図12　小さな個体群が絶滅しやすいわけ

る。まず、土地は利用しやすいところから農地・工業地・市街地などに変えられていき、面積が次第に増大する。それに伴い、森林や湿地の生物の生息・生育場所は著しく縮小する。最後には、それが完全に消滅してしまうか、ごくわずかな断片が、異なる農地や市街地のなかに孤立して残るかどちらかである。そこまでいくと、多くの生物がその地域にはすめなくなる。

もちろん、森林のギャップを利用していた生物や河川の氾濫原で生きてきた生物のなかには、新しくできた生育場所に進出して繁栄したものもないわけではない。農地や空き地などに新たな生育場所を見い出した、雑草とよばれる植物群はそのよい例である。

わが国では、高度成長期やその後のバブル経済期に、それまで利用しにくいために森林や湿地が残されていた場所、あるいは伝統的な農業生態系のなかで維持されてきた二次的な自然や水辺が、リゾート開発など開発の対象となり、多くの生物が生息・生育場所を失った。それは、レッドリストに掲載される種を大幅に増やす原因ともなった。

森や湿原は最初は虫食い状に開発され、やがて開発面積のほうが残された面積を上回るようになる。そして、わずかな生息・生育場所の断片が開発された地域のなかに完全に孤立して、孤島のように取り残される。その孤立した生育場所には、小さな（個体数の少ない）孤立個体群だけ残される。それが「生育場所の分断・孤立化」とよばれる問題である。

生育場所の分断・孤立化はなぜ絶滅をもたらすか

では、生育場所の分断・孤立化は、なぜ絶滅を促すのだろうか？

まず、それに伴う個体群の細分化や孤立化の問題をあげることができる。それは第一に、個体群サイズの縮小、つまり個体数の減少を通じて絶滅の可能性を高める。何事でも数が少ないときには、偶然の出来事が事の成り行きに大きな影響を与える。わずかな数の個体から成る個体群の運命も、偶然にもてあそばれる。例えば、ある世代にたまたま虚弱な個体ばかりが生まれることがあるとか、運悪く不慮の事故で死んでしまうとか、そんな偶然が個体群の運命を決めてしまうことになる。

また、個体数が少なくなれば、近親交配が起こりやすくなる。それは、近交弱勢によって個体群が弱体化する原因になる。一方、不和合性が強く作用すれば、配偶者として適切な相手を選ぶことができなくなり、繁殖が全くできなくなることも考えられる。

これらのいろいろな理由で、小さな個体群を長期にわたって維持していくことは難しい。

次にあげられる問題は、孤立した生育場所の植物個体群では、繁殖に必要な生物間相互作用がなくなって繁殖が失敗したり、集団の遺伝的な変異が維持できなくなったりする可能性があるということである。例えば、ポリネータがいなくなることが予想される。ポリネータが失われれば、植物の種子繁殖に支障をきたすだけでなく、多少なりとも自殖能のある植物では、自殖に偏った繁殖が行われるようになる。それによって、植物個体群の遺伝的変異が減少する可能性も考えられる。

生育場所の分断孤立化に伴う個体群の縮小や、ポリネータの喪失がどのような影響をもたらすかは、種ごとに異なる繁殖のあり方や、それまでの個体群の来歴によって一様ではないはずである。しかし、種子生産の失敗や自殖への偏りなど、いずれも個体群の存続や遺伝的変異の維持を困難にするような影響を及ぼすことが予測される。ところが、考え得るさまざまな悪影響については、これまではどちらかといえば理論的な考察が先行し、それを具体的に裏付けるデータを提示した研究は意外に少ない。

サクラソウについては、これまでの私たちの研究によって、生育場所の分断・孤立化がもたらす種子繁殖の問題点が、かなり明らかになってきている。次にそれを紹介してみよう。

気づかないうちに忍び寄る絶滅

サクラソウはレッドリストに絶滅危惧種として掲載されている。しかし、サクラソウが多少でも残っている場所では、クローン（一つの種子から生じた芽生えから成長した栄養体）の寿命が長いため、少数のクローンが完全に孤立していても、その衰退や変化に気づくことは難しい。種子から成長した新しいクローンがなくても、現存のクローンが成長し、毎年花を咲かせるからだ。個々のクローンを識別し、その種子生産を丹念に調べるといった調査を、何年間にもわたって実施してはじめて、個体群が直面している厳しい状況を認識することができる。

ここに紹介する事実は、生育場所の孤立化や生物間相互作用の変質がすでにサクラソウだけでなく、多くの野生植物の繁殖や個体群の維持を危うくするものとなっていることを示唆する。そ

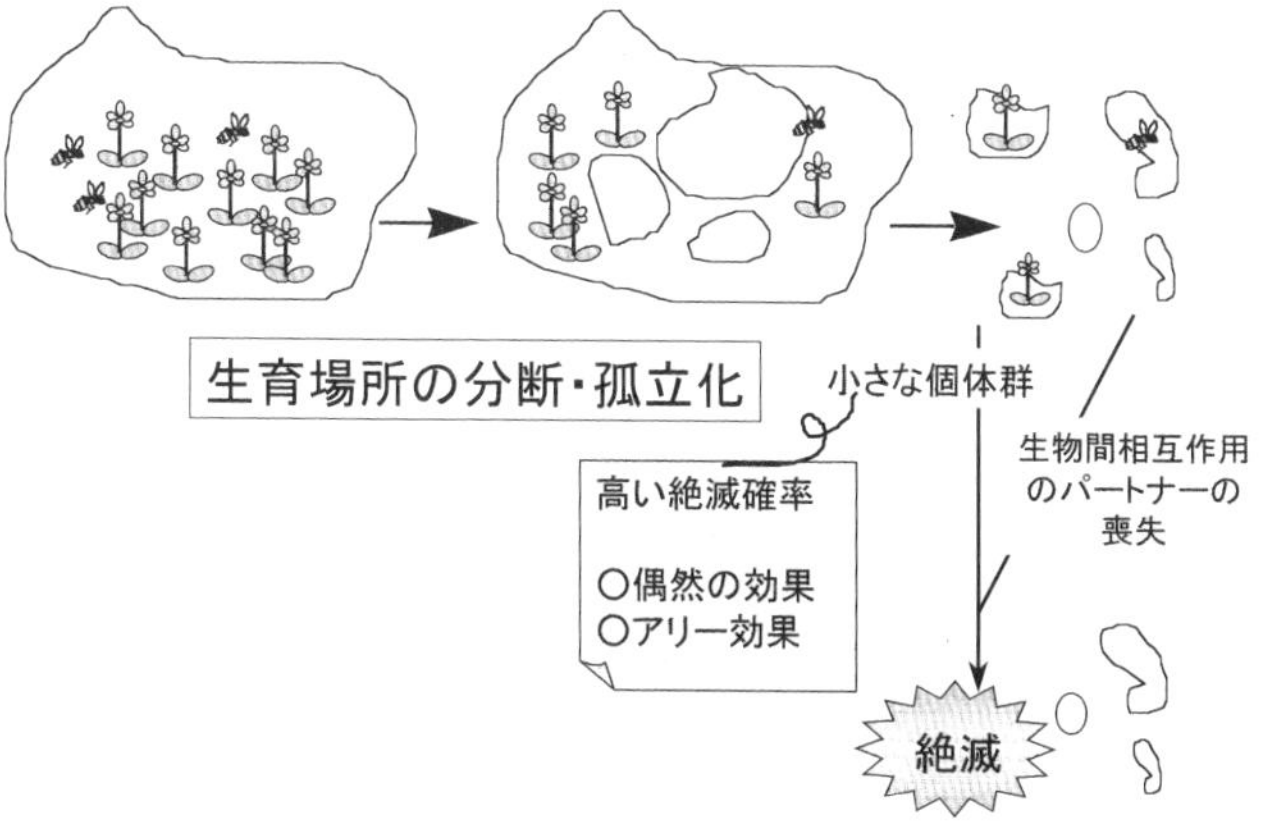

図13　生育場所の分断・孤立化が進むと……

れはサクラソウの特殊な事情というよりは、同じような生育場所の多くの野生植物に共通することであると思われる。ただ、調査が行われていないために、そのような問題には気づかれないのだ。くわしい調査が行われれば、サクラソウと似たような状況に陥っている野生植物がたくさんあることがわかるであろう。

種子生産を制限するもの

サクラソウの子房のなかには一〇〇近い、あるいは一〇〇を超える数の胚珠が用意されている。

もし、すべての花が和合性のある（正常に受精できる）花粉を胚珠の数より多く受粉し、種子生産に投資できる物質・エネルギー量も十分であれば、用意されている胚珠の数に相当する数の種子が生産されるはずである。つまり、一〇〇の胚珠からは一〇〇の種子が

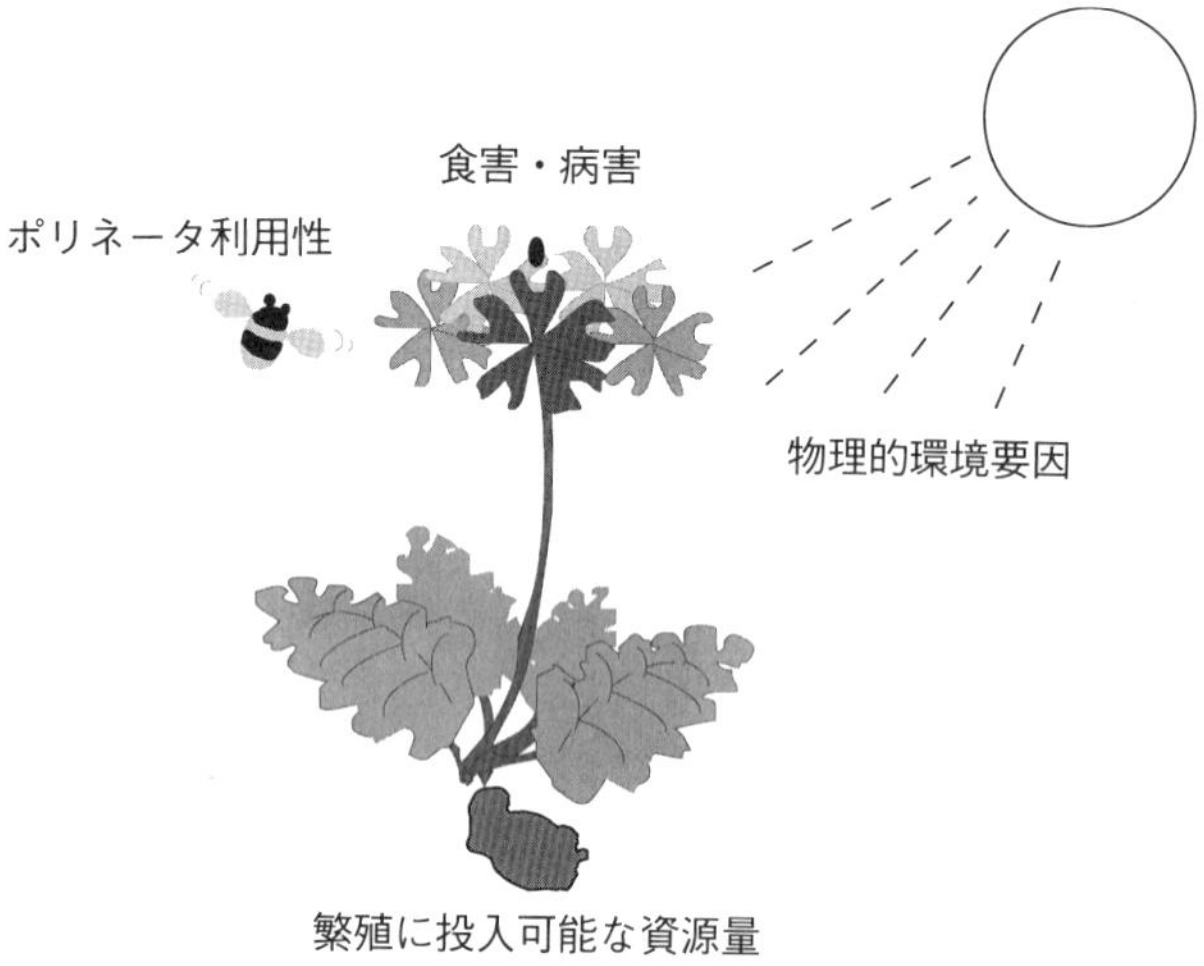

図14　種子生産を制限する可能性のある要因

つくられることになる。実際、光合成・物質生産のために必要な条件に恵まれ、しかもポリネータが十分に訪れるサクラソウ自生地では、開花の最盛期に咲いた花は、確かに一〇〇近い数の種子を生産する。

ところが、それぞれの花が実際に生産する種子の数はまちまちで、花によっては全く種子をつくらないこともある。本来一〇〇ほどできる種子ができない理由、つまり、種子生産を制限する要因としては、いくつかのものを考えることができる。

まず、ポリネータが訪れなかったことを第一の理由としてあげることができるだろう。ポリネータはすべての花をまんべんなく訪れるわけではないし、ちょうどその花が咲いたときに雨が続くなど気象条件が悪ければ、ポリネータが全く訪れないこともある。そのような花は授粉されず、当然種子もできない。

また、ポリネータが十分に訪れても、クローンが孤立していたり、同型のクローンだけがかたまっていたりすれば、ポリネータがもってくる花粉は同じタイプの花由来の和合性のない花粉ばかりとなり、やはり種子はできない可能性がある。

ただし、クローンのなかには自分自身で種子をつくる能力のあるものがあって、ポリネータが訪れなくても、花粉を交換する他のクローンがまわりになくても、その自殖の能力に応じて種子ができることもある。

一方、授粉の段階で制限がなくても、光合成が振るわずに十分な稼ぎをあげることができず、種子生産に回すことのできる有機物やエネルギーに限りがあれば、その分だけ生産される種子は少なくなるであろう。

授粉の段階での制限があるかどうかは、次の二つの方法を併用した調査により確認することができる。

第一の方法は、花粉の添加実験である。つまり、異なるタイプの花の花粉（そのなかでも相性の問題があるのでいくつかのクローンの花粉の混合とする）を人工的に授粉して、自然のままに放置した放任花の種子生産と比較する。もし、受粉の段階での制限が原因で種子ができないのであれば、この処理によって種子生産が増すはずである。

第二の方法は、花からめしべの柱頭を採集して、そこに受粉している花粉の数と大きさを測定することである。サクラソウでは、長花柱花と短花柱花でつくられる花粉の大きさが異なり、長花柱花の花粉は小さく、短花柱花では大きい。したがって花粉をみれば、その花粉が長花柱花由来のものか短花柱花由来のものかの見分けがつく。異なったタイプの花の間で受粉が行われたときのみ、花粉が正常に発芽するので、柱頭に受粉した花粉をみれば、それが和合性のある花粉か、そうでない花粉かを花粉の大きさから判断することができる（写真2参照）。

さて、豊かな自然に囲まれたサクラソウの自生地のなかには、種子がよくできるところがあり、花によっては胚珠の数にほぼ等しい種子を生産するものもある。

ところが、市街地のなかに孤立したサクラソウ自生地で種子生産を調べてみると、種子が十分にはできていない。とりわけ、短花柱花型クローンでの種子生産が低い。長花柱花型のクローンでも、クローンによるばらつきはあるものの、決して十分に種子を生産しているとはいえない（表2参照）。

例外は、頻度にして一％にも満たないほどの低頻度で存在する等花柱型クローンである。等花柱花は、豊かな自然の自生地の種子生産に勝るとも劣らない良好な種子生産を示す。また、一部の長花柱花型のクローンには、かなりの種子生産をするものも認められる。しかし、こうした種子生産のあり方は、異型花柱性植物としての健全な種子生産ではない。

このような種子生産の特徴、つまり、全体としては種子生産が振るわず、しかも花型の間の違

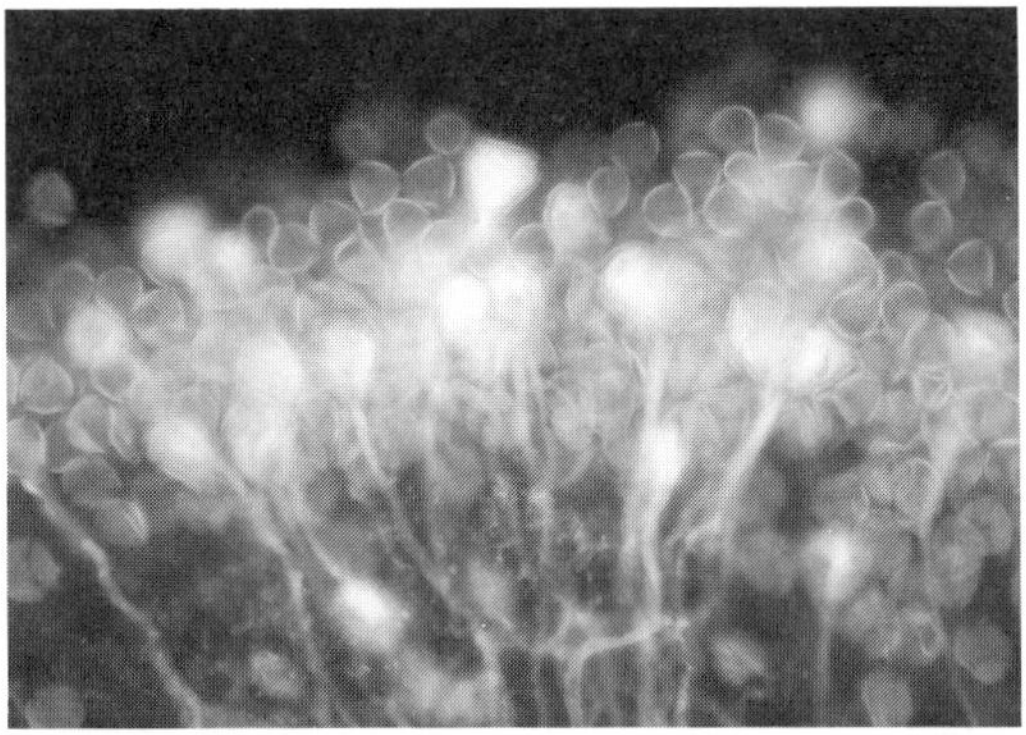

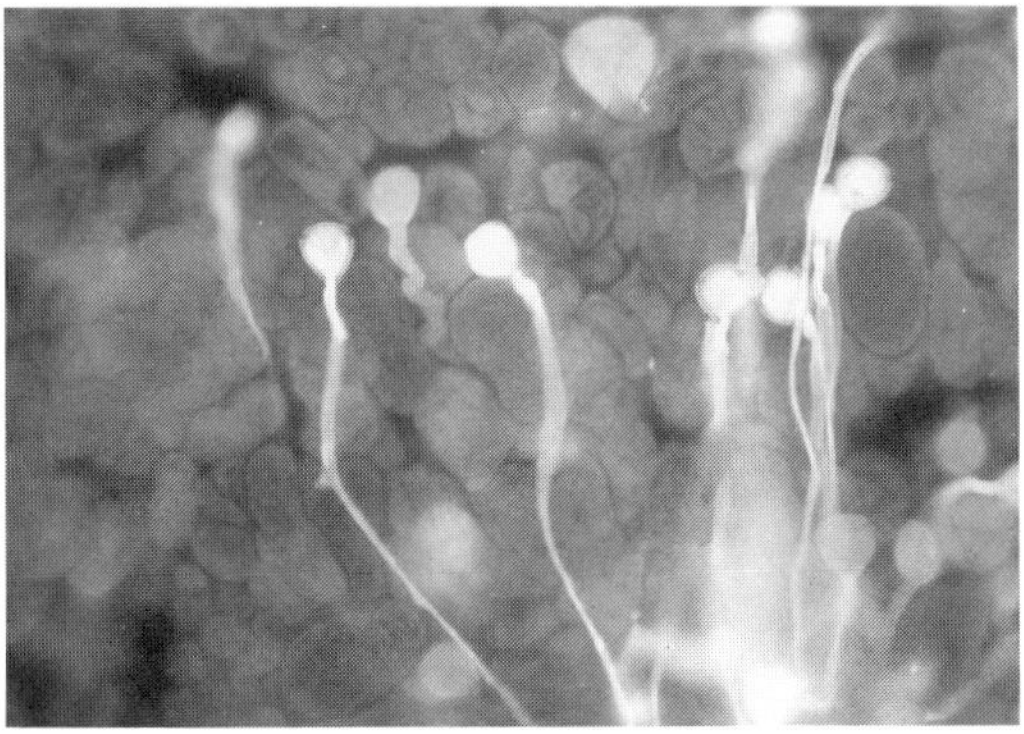

写真２　長花柱花の柱頭（上）と短花柱花の柱頭（下）

花粉の大きさに注意！　長花柱花の柱頭の上では，長花柱花の花粉は発芽しない．短花柱花の柱頭の上では短花柱花の花粉は発芽はするが，花粉管が柱頭の組織に入っていくことができない．

いずれの柱頭の上でも，異なるタイプの花由来の花粉は発芽し，花粉管は柱頭の組織のなかに伸びていく．

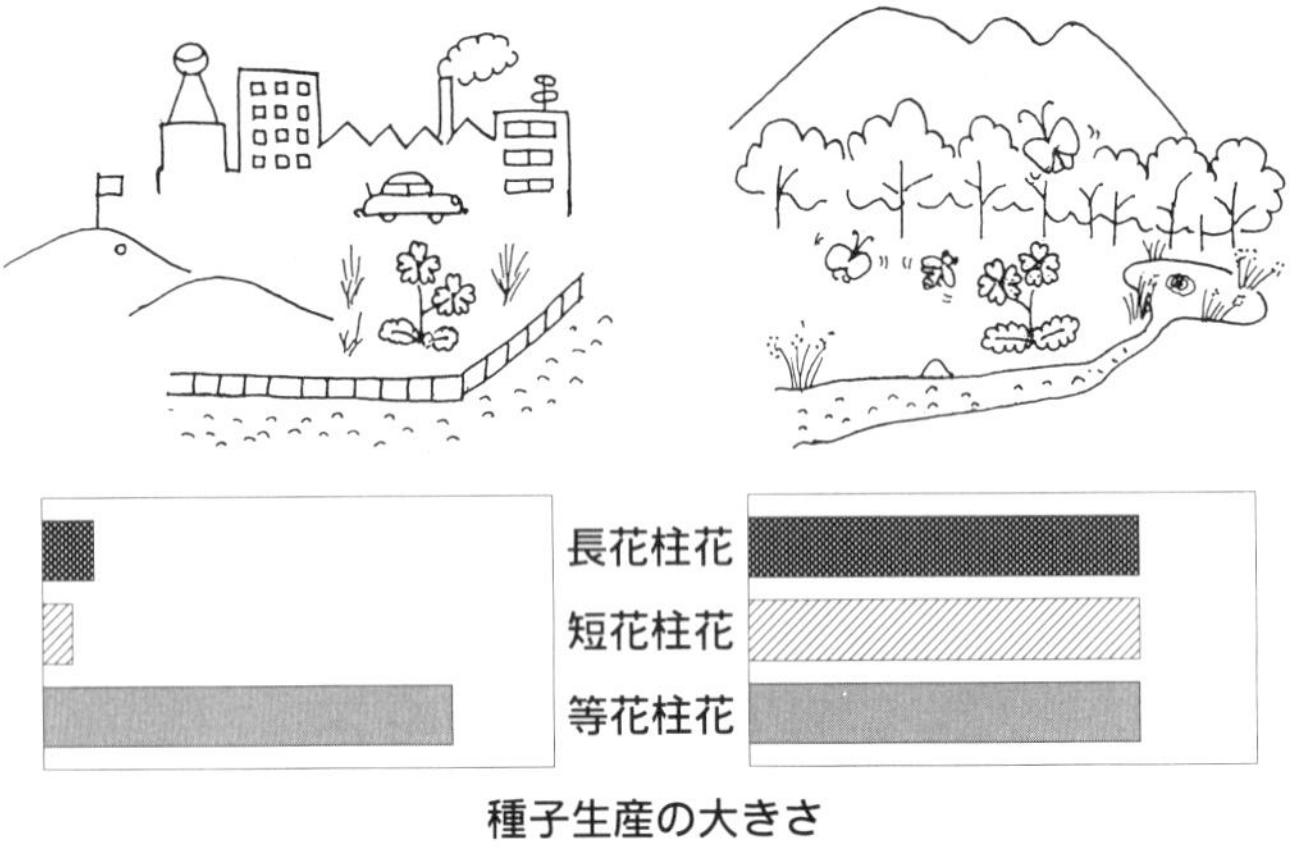

図15　サクラソウの生育環境と種子生産

表２　サクラソウの種子生産
（田島ヶ原特別天然記念物サクラソウ自生地でのデータ）

花 型	花当たりの結実率（%）		花当たりの種子生産量（個）	
	平均±標準偏差	クローン平均値のレンジ	平均±標準偏差	クローン平均値のレンジ
長花柱花	0.20±0.021	0.013～0.70	7.64±18.59	0.29～35.90
短花柱花	0.09±0.13	0～0.30	2.09±8.86	0～5.96
等花柱花	0.82±0.15		32.01±24.46	

（Washitani *et al.*, 1994より作成）

表3　人工授粉を行った花の1花当たりの種子生産量（平均±標準偏差）と結実率（%）

	放任（対照）		人工授粉：自家授粉		人工授粉：適法授粉		人工授粉：非適法授粉	
花型	種子生産量	結実率	種子生産量	結実率	種子生産量	結実率	種子生産量	結実率
長花柱花	2.7±8.25	17(141)	0.5±2.15	8(49)	29.6±17.27*	79(24)	—	
長花柱花	3.8±8.72	24(189)	5.2±7.97	45(57)	29.6±11.57*	96(23)	—	
長花柱花	1.9±8.81	7(131)	5.8±11.55	36(41)	42.8±29.20*	76(17)	—	
長花柱花	12.4±19.40	41(123)	14.4±18.90	76(22)	51.5±16.72*	98(17)	—	
長花柱花	9.7±24.24	18(174)	5.9±16.80	30(49)	60.4±26.44*	86(23)	—	
長花柱花	3.6±13.63	13(144)	2.8±13.05	4(23)	50.0±22.79*	90(30)	1.0±4.486	4(23)
等花柱花	32.0±24.46	81(103)	28.2±17.77	89(42)	44.6±15.50	100(19)	35.3±14.88	100(11)
短花柱花	0.0±0.0	0(131)	0.0±0.0	0(43)	48.4±21.87*	96(24)	—	
短花柱花	2.8±8.75	21(119)	1.7±3.74	23(39)	47.6±22.20*	71(14)	—	
短花柱花	2.6±9.87	8(91)	0.2±0.92	6(20)	9.4±17.20	33(12)	—	
短花柱花	3.6±12.49	15(102)	3.9±13.79	9(45)	27.9±22.49*	72(18)	1.18±4.02	13(22)

適法授粉＝異なるタイプの花の花粉の授粉，非適法授粉＝同じタイプの花の花粉の授粉

（　）内の値は調べた花の数，＊印は統計的に有意差があることを示す．

いが目立つという特徴は、花粉を運んでくれる昆虫がいないことによるものであることが、その後の調査を通じて明らかにされた。

その調査は、筑波大学農林学系の生井兵治博士、大澤良博士、茨城大学農学部の丹羽勝博士の協力のもとに行われたものである。明らかにされたことは、

①多数の花を連続的に監視しても花を訪れる昆虫がほとんどみられない

②サクラソウの花の柱頭に付着している花粉を調べても、自家の花粉(同型の花由来の花粉)と推測されるものが大多数を占め、異型の花の花粉はほとんどみられない

③異型の花から採った花粉を人工授粉によって添加すると、長花柱花や短花柱花では種子生産が目立って増加する(表3)

ことなどである。

ポリネータを失った個体群に予想される未来

花を訪れる昆虫の姿がなく、花粉のやりとりも確認できないということは、その場におけるポリネータの活動が不十分であることを意味している。そして、ポリネータがいなくなった市街地の自生地でみられる花型間の種子生産の差異、つまり等花柱花だけが多くの種子を生産するとい

う繁殖の偏りは、自然選択による進化による単型化をもたらす可能性がある（八二、八三ページ参照）。近交弱勢がそれほど大きくなければ、等花柱花型が非常に有利となるからである。

サクラソウは個体（クローン）の寿命が長いので、短期間のうちに影響が表れてくることはない。しかし何世代かを経て、個体群の将来に及ぶ影響を予測することは、サクラソウの長期的な保全を考えるうえでは重要である。

そこで、これまでに調べられたデータをもとに、スーパージーンモデルを下敷きにした集団遺伝モデルを用いて、シミュレーションでサクラソウの未来を検討してみた。スーパージーンモデルとは、サクラソウ属の異型花柱性の遺伝の仕方を説明する遺伝モデルである。

その結果、今のような種子生産の状況が続けば、数世代後には、今はごく低頻度で存在する等花柱花クローンの子孫が集団の圧倒的多数を占めることになり、遺伝的な多様性が大きく損なわれる可能性が示された。集団のなかからは、短花柱花の表現型を決める優性遺伝子が消えてしまい、異型花柱性という独特の繁殖システムも失われることになる。一方、近交弱勢が大きく、等花柱花クローンがいくら種子生産をしてもそれが次世代の確保につながらない場合には、個体群は衰退を免れない。いずれにしても、近交弱勢ともあいまって、集団が非常に絶滅しやすい状態に置かれることは間違いない。

って表現する．自殖能力のない花型では，その分だけ種子生産が減じるとする．これを模式的に表現すると，左ページの図のようになる．

自殖による近交弱勢は，固定した値をとるというよりは，集団の遺伝的な構成によって毎世代変化することが考えられる．そこでシミュレーションでは，いろいろな近交弱勢の値を設定して，その値の影響も合わせて検討することにした．

スーパージーンモデルとは？

モデルでは，スーパージーンはそれぞれが二つずつの対立遺伝子を有する三つのサブユニットから成ると仮定している．下図において，同じパターンで影をかけた柱頭と葯のなかにできた花粉の間には和合性がある．つまり，(**g**)と(**P**)は和合性がある．

スーパージーンに関する劣性ホモ接合体の表現型は長花柱型，ヘテロ接合体は短花柱型である．したがって，異型間の交配は，遺伝的には戻し交配となり，長花柱型と短花柱型が１：１で生じる．

自家和合性をもつ等花柱型は，スーパージーンの内部で起こる組み換えに起因する．サクラソウでは，ごく低頻度で短等花柱型が認められる（Washitani，1996より改図）．

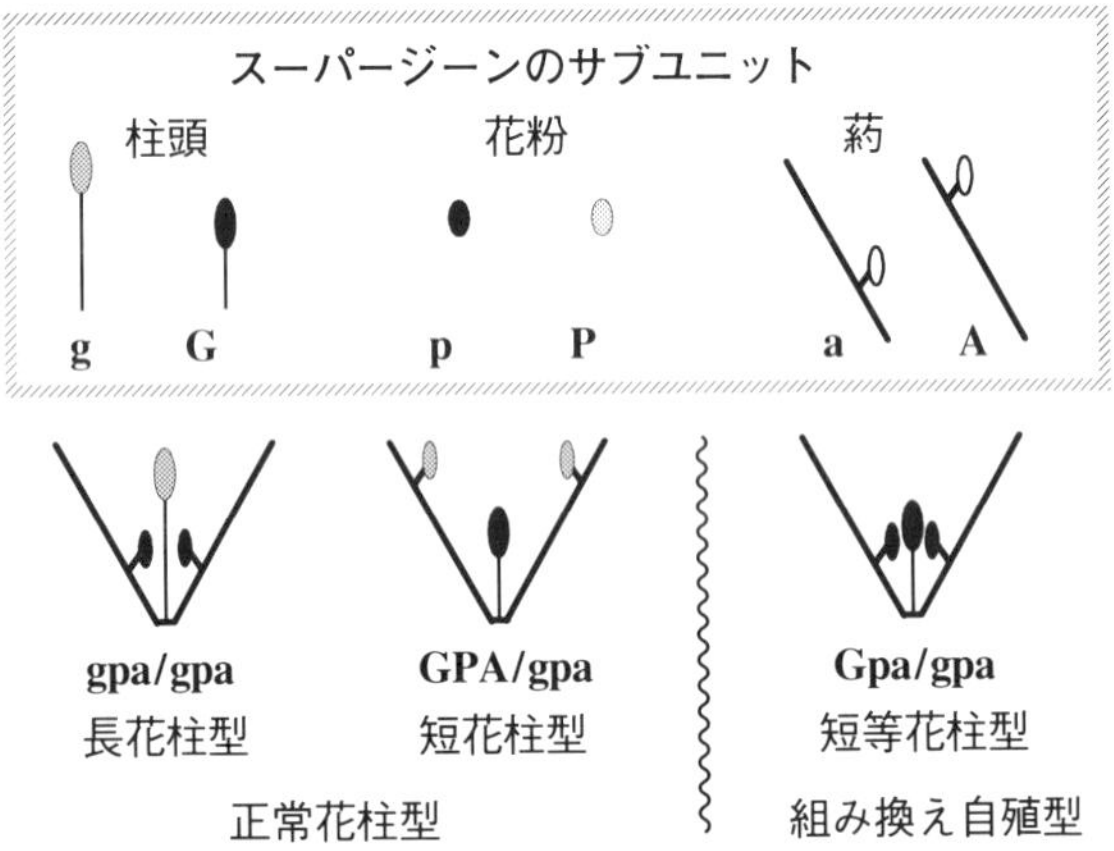

COLUMN

スーパージーンモデルを用いたシミュレーションによるサクラソウの未来

サクラソウ属の異型花柱性の遺伝モデルであるスーパージーンモデルを下敷きにした集団遺伝モデルを用いて，シミュレーションにより，ポリネータの利用性と近交弱勢がサクラソウの異型花柱性遺伝子の頻度に世代を経てどのような影響を及ぼすかを検討してみた．

シミュレーションでは，ポリネータの利用性を自殖能力のある等花柱型の自殖率（生産された種子のうち自殖でできた種子の割合）によ

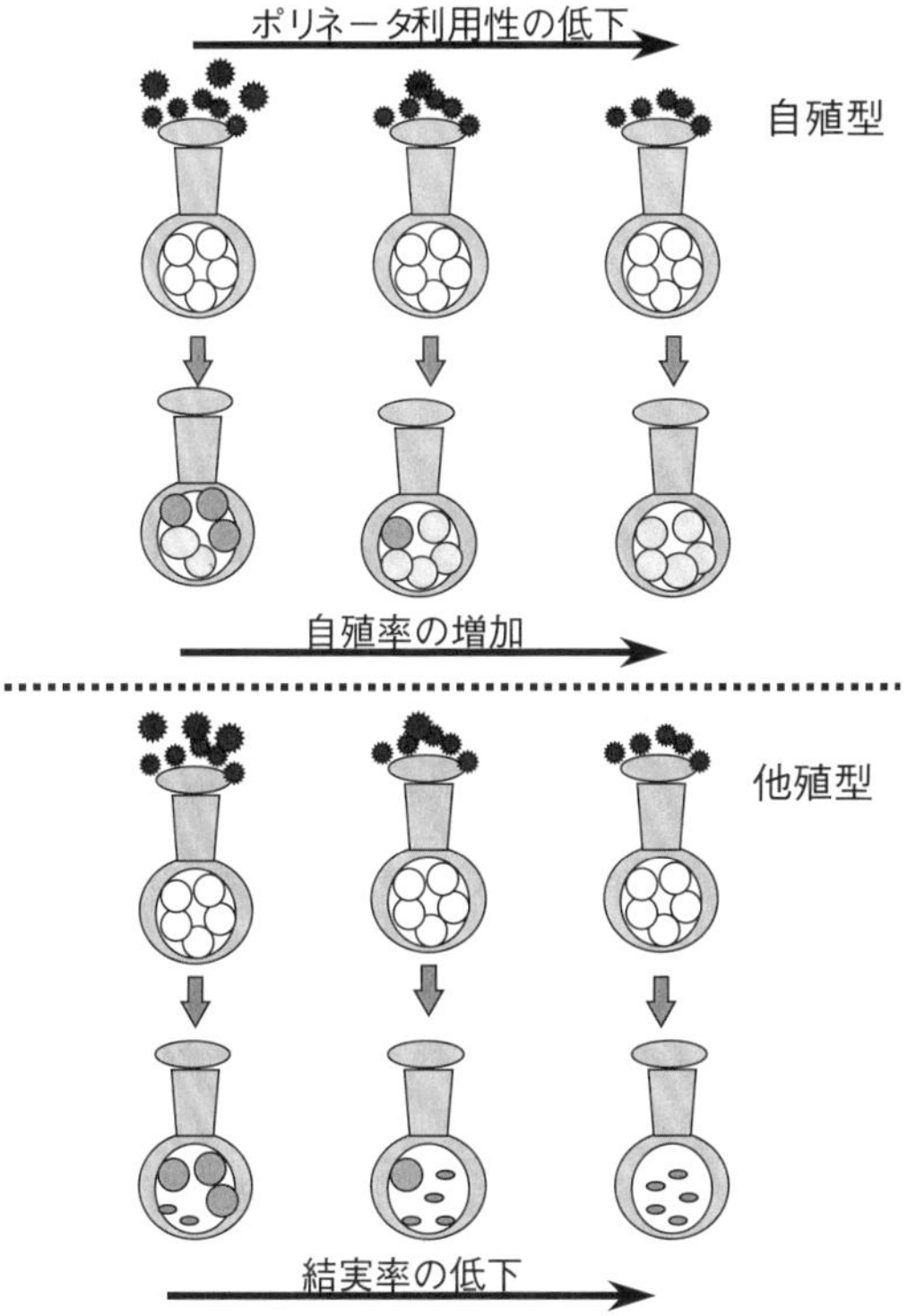

ポリネータの利用性が低下すると，その程度に応じて自殖型では自殖率が増加し，他殖型では結実率の低下が起こる．

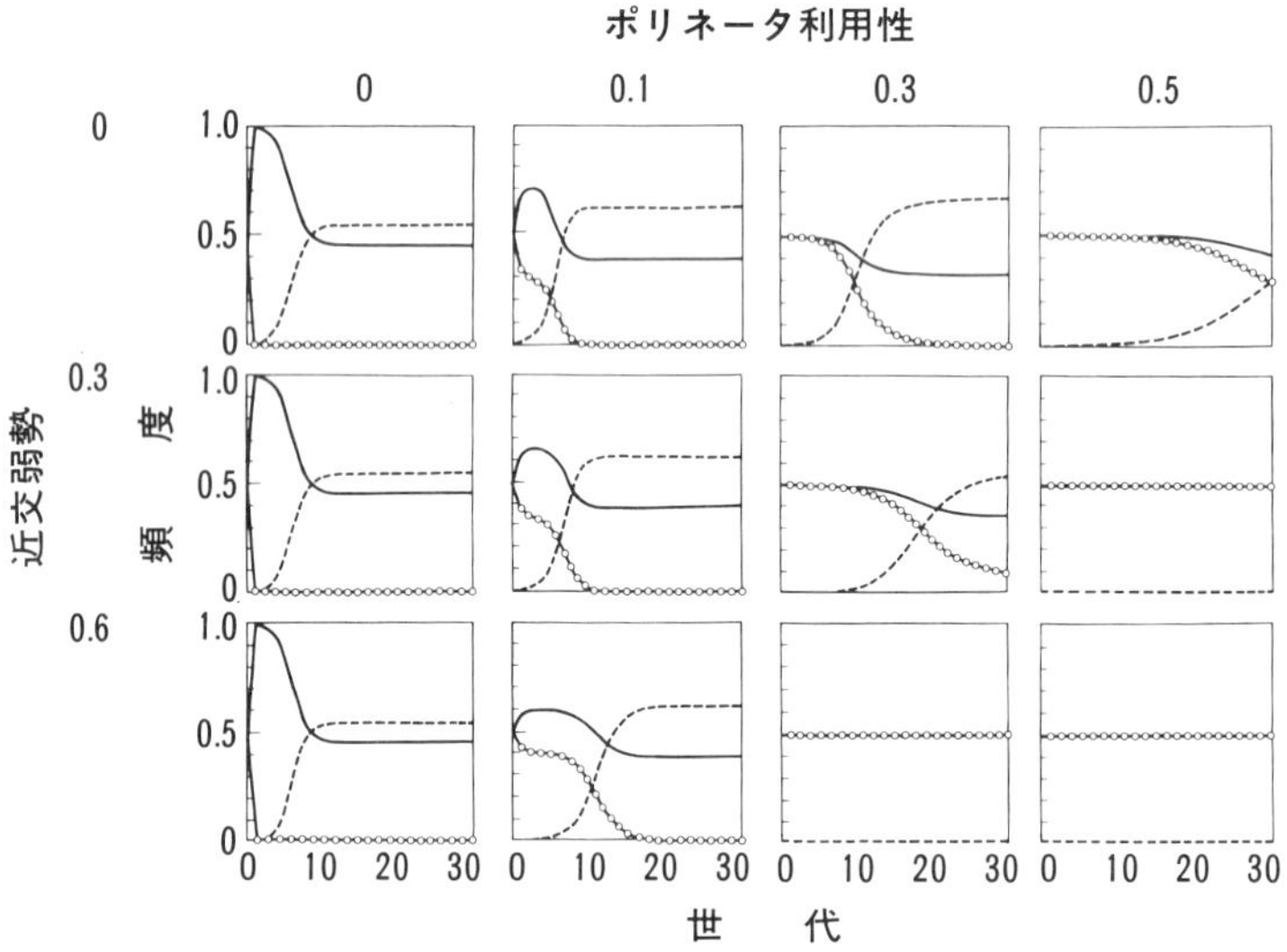

いろいろな水準のポリネータ利用性と近交弱勢のもとでのモデル集団における長花柱型，短花柱型および等花柱型の頻度の世代を追った変化
—：長花柱型，◦◦◦◦：短花柱型，----：等花柱型（Washitani, 1996より）

COLUMN

いろいろな水準のポリネータ利用性と近交弱勢を仮定したとき，長花柱型，短花柱型，および等花柱型の頻度はどう変化していくか？

仮定した送粉昆虫の活動レベルと近交弱勢の大きさに応じて，各花型頻度の世代を追う変化にはいろいろなパターンが表れるが，それらは，大きく二つに分かれる（右ページの図）．すなわち，スーパージーン優性遺伝子の表現型である短花柱型が集団から失われるか，それとも安定的に維持されるかのいずれかである．

ここで注目すべき点は，かなり大きな近交弱勢を仮定しても，ポリネータが訪れないために花粉のやりとりが不十分であれば，遅かれ早かれ，必ず短花柱型が集団から失われてしまうということである．

短花柱型の喪失は，この種特有の繁殖システムである異型花柱性そのものの崩壊を意味する．また，本来ごく低い頻度でしか集団内に存在しない等花柱型の子孫（等花柱型および劣性ホモの表現型である長花柱型）が集団内で圧倒的に優占するために，本来の遺伝的変異のほとんどが失われてしまう可能性が大きい．

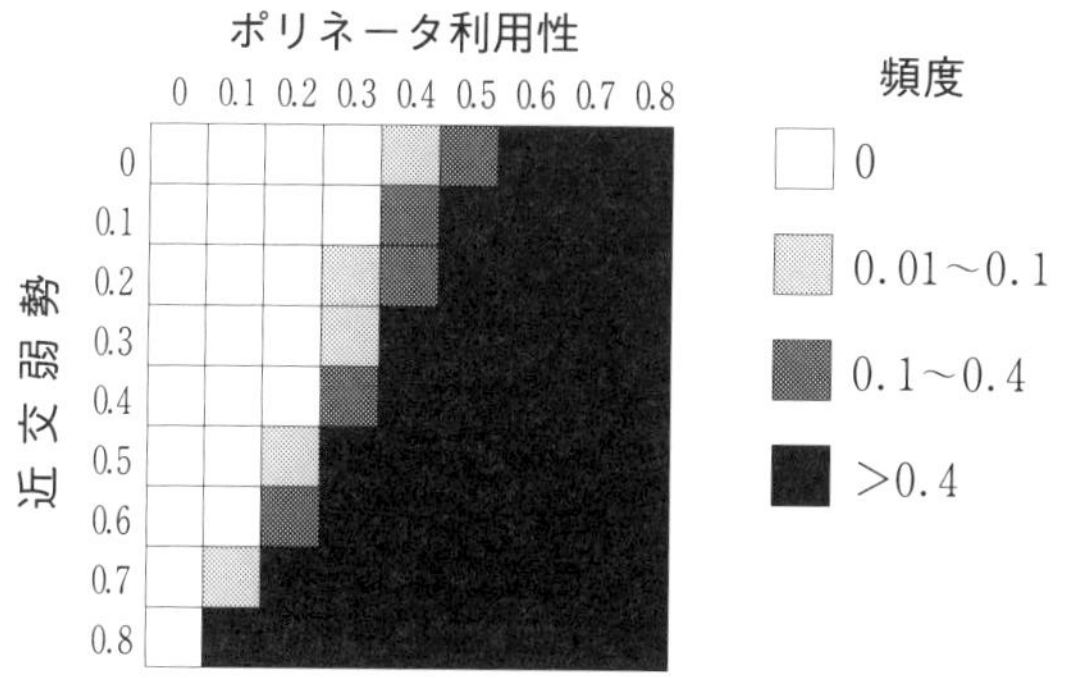

近交弱勢とポリネータ利用性が30世代前後の長花柱型個体の相対頻度に及ぼす影響

7章　消えたパートナーを追う

パートナーの昆虫を探して

市街地に孤立したサクラソウ自生地では、サクラソウを訪れる昆虫がほとんど観察されないことを前章で述べた。そして、そのことは、種子生産とその花型間の変異を通じて、個体群の将来に重大な影響を与える可能性があることも。

では、サクラソウのパートナーとしてふさわしいポリネータとは何なのだろうか？　それを明らかにすることが研究の次の目標となった。それはサクラソウの長期的な保全を考えるうえで、ぜひとも明らかにしておかなければならないことでもある。

最初に私たちが試したことは、農業用に市販されているポリネータ用の昆虫が、サクラソウのポリネータになりうるかどうかの検討である。当時、ビニールハウスのイチゴの授粉用にシマハナアブが市販されていたので、これを材料として実験を試みた。

お互いに異なる型の花をつけるサクラソウのクローンが一部分ずつ入るぐらいの大きさの網室（縦一メートル×横二メートル×高さ五〇センチ）を自生地に建て、購入したシマハナアブを羽化させて、そのなかに放った。

今となっては、かなり見当はずれの試みをしたものである。筒状の花の奥深くに蜜を隠したサ

表4　これまでにサクラソウを訪れることが観察された昆虫

トラマルハナバチ，エゾトラマルハナバチ，シュレンクマルハナバチ，ハイイロマルハナバチ（いずれも女王）
コハナバチ sp.
ハナダカハナアブ，ビロードツリアブ
キタテハ，スジグロチョウ，ツマキチョウ，キチョウ，スジボソヤマキチョウ，モンシロチョウ，ダイミョウセセリ，ミヤマセセリ，イチモンジセセリ，サカハチチョウ，カラスアゲハ，クジャクチョウ，サカハチクロナミシャク

クラソウを、シマハナアブが餌として利用することはできないからである。案の定、舌が短いシマハナアブは、お腹をすかせてみんな死んでしまった。

長期にわたって自生地で観察していたところ、ごくまれにキタテハなどのチョウがサクラソウの花を訪れることがわかった。けれどもあまりに頻度が低いし、その行動からも、あまり有効なポリネータにはみえなかった。

サクラソウの真のパートナーを探すために、その後数年間にわたって八ヶ岳山麓や佐久のサクラソウ自生地などで、サクラソウの花を訪れる昆虫の調査を実施した。すると、豊かな自然の残されている自生地では、多様な昆虫がサクラソウの花を訪れることがわかった。トラマルハナバチなどのマルハナバチの女王のほか、さまざまなチョウやハナダカハナアブ、ビロードツリアブ、コハナバチなどである。

COLUMN

盗人からパートナーへ

化石によって花と昆虫の進化史を再構成してみると，白亜紀中期以降に時を同じくして起こった被子植物とそのポリネータの適応放散に先立ち，昆虫が単に花の食害者として植物とかかわっていた時代が長く続いたことがわかる．

現在でも，単に花粉を食べたり，授粉にかかわることなく蜜を採る訪花昆虫が少なくない．それらのうち，授粉には役立たず蜜だけを吸うものは，盗蜜者とよばれる．チョウやガは，その長い口吻を花にさし込んで，葯や柱頭に触れずに吸蜜することがあり，それも盗蜜に当たる．

また，花の基部に横から穴をあけて，葯や柱頭に全く触れずに蜜を吸い取るクマバチやオオマルハナバチの行動も，やはり蜜を盗む行動である．体の小さな昆虫が，花のなかに潜り込んで蜜を採る場合も，盗蜜とみなさなければならないことが多い．

訪花昆虫とポリネータ

一般に、花には多様な昆虫が餌を求めて訪れる。その大部分は、花粉や蜜、子房あるいは花弁など、花のいずれかの組織を餌とする昆虫およびそれらの捕食者である。

また、花を隠れ場所や交尾場所とするために花を訪れる昆虫も少なくない。それらのうちで、花粉の運搬や授粉に役立つのは、ごく一部のものにすぎない。

サクラソウについても、花には授粉に役立たない昆虫も含め、多様な昆虫が訪れる。そのなかには、8章でその生態を紹介するハナムグリハネカクシのように、サクラソウに寄生的に依存して生活しているると考えられるものもいる。

花を訪れる昆虫が単なる食害者なのか送粉昆虫なのかは、植物にとってその訪花が繁殖の成功に及ぼす効果が非常に大きく異なるという意味で、きわめて重要な違いである。しかし、昆虫の側からみれば、盗蜜も授粉に役立つ吸蜜も、餌を採る行動であるという点では何ら区別されるものではない。さまざまな訪花昆虫のなかでポリネータとみなすことができるのは、明確に授粉に寄与する昆虫だけである。つまり、

①花を訪れることが観察され、
②その昆虫の体に確かに花粉が付着することが確かめられ、
③付着した花粉が同種の花の柱頭に受粉されることが確認され、
④さらにはそれが結実・種子生産につながる

これらが証明されてはじめて、その昆虫を有効なポリネータとみなすことができる。

有効なポリネータは植物の成長様式によって多種多様

昆虫は種類ごとに、訪花行動に大きな違いがある。花から次の花へ移動するときの飛行距離や、

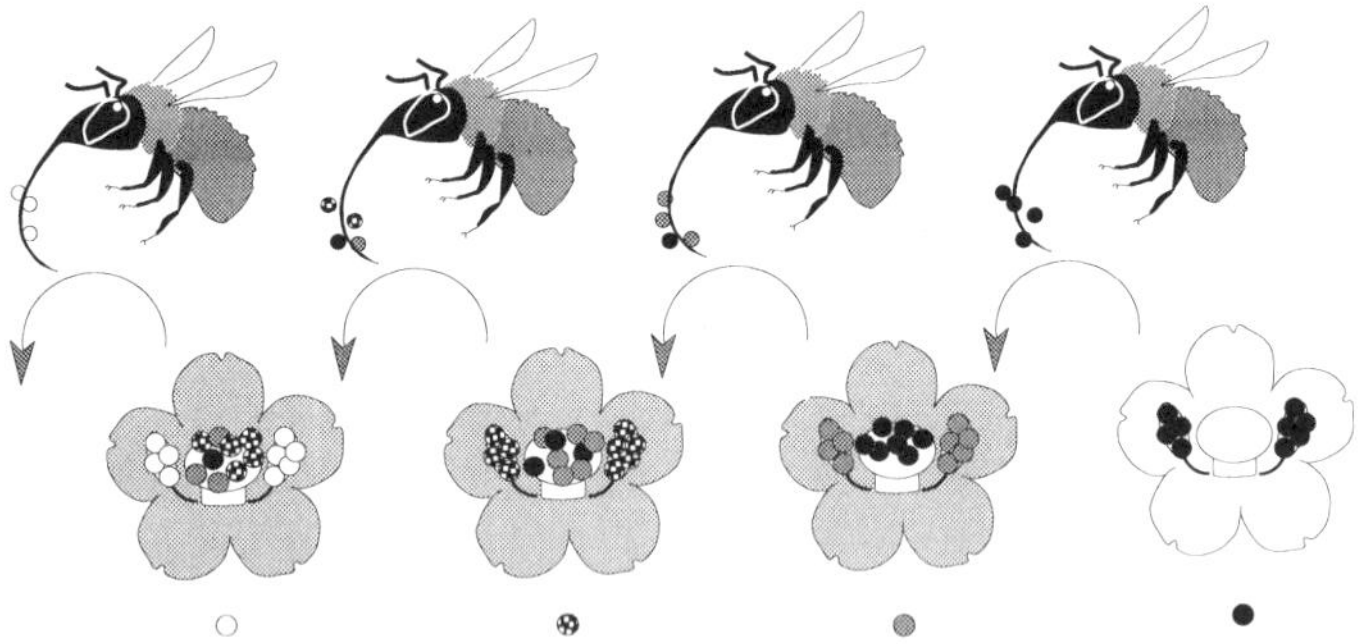

図16　花粉の持ち越し

ハナバチの口器についた花粉は，次に訪れた花だけでなく，一部はその次，さらにはその次の花にも持ち越される．持ち越し量が多ければ，より遠くへ運ばれる．

時間当たりに訪れる花数などは大きく異なっている。

例えばハナバチ類は、時間当たりに多数の花を訪れるが、直前に訪れた花の近くの花を訪れる傾向がある。これは、ハナバチが採餌効率を上げるためには有効な行動の仕方である。

しかし、明るい生育場所のサクラソウのように、広い範囲を同じクローンが占め、同時にたくさんの花を咲かせるような植物の場合には、自家授粉（隣花授粉、同じ個体の別の花の間での授粉）ばかりがもたらされる。もちろんサクラソウの場合には、同型花への授粉は形態的な適応により、かなり制限されているはずではあるのだが。

一般に、昆虫の体に付着した花粉は、昆虫が次の花を訪れたときに柱頭に落とされるとは限らず、さらに持ち越されて、その昆虫が何花か後に訪花した花に授粉される。このような持ち越し量の大きさは、花粉分散距離やクローン成長する植物のクローン間の授粉効率に大きな影響を与える。花粉がある程度持ち越されることなしには、クローンの間の授粉は起こりにくいからである。それは昆虫の体への花粉の付着性のほか、グルーミングなどの昆虫の行動にも大きく依存する。

写真3　アサザに訪れるキアゲハ

一方、単位時間に訪花する花数や飛行距離など、昆虫の行動は、むしろ花の空間的な分布に大きく依存して決まるという面もあるので、話は少々ややこしくなる。

さて、一般に、成虫が自らが消費するためだけに花蜜や花粉を利用する昆虫よりは、社会性、単独性を問わず、幼虫を育てるために花蜜や花粉を集める昆虫のほうが、単位時間当たりの訪花頻度が高く、高い授粉効率が期待できる。学習能力の高いハナバチは、その意味でも有効性の高いポリネータである。

ハナバチ類はその多くが社会生活を営み、花蜜で練った花粉で幼虫を養う。単独性のハナバチも、花粉と花蜜を集め、花蜜で練った花粉の餌をつくって、そこに産卵するものが多い。しかも、その体は花粉の付着しやすい毛でおおわれている。有効なポリネータとなりうるハナバチを誘引し、そのほかのポリネータを排除するために、植物はいろいろな花の特性を進化させている。

一方、広い面積を一つのクローンが占有するような成長様式の植物にとっては、訪花頻度は低くとも比較的大きな飛行距離をもつチョウ類が、ポリネータとしての有効性が高い。例えば、広い水面を一つのクローンがおおうアサザなどの浮葉植物にとっては、チョウ類が有効なポリネータとなりそうだ。

ついにパートナーをみつける

サクラソウを訪れる昆虫のうち、どれが重要なポリネータといえるのかよくわからないまま、何年かが過ぎた。

最もふさわしいパートナーとは一体誰なのか。私は、サクラソウが少しでも多く残されている自生地を求め、北海道南部にたどり着いた。その自生地で調査を始め、しばらくたったある日、ポリネータに関するそれまでの疑問が一瞬のうちに氷解した。それは、一頭のエゾトラマルハナバチの女王が、サクラソウの花を訪れるのを目撃したときであった（エゾトラマルハナバチはトラマルハナバチの北海道亜種の和名。以降本文中では、種名のトラマルハナバチを用いる）。

彼女が花を訪れたとき、花茎がしなって下向きになった。そのトラマルハナバチの女王はつめをかけて花にしがみつき、下方から舌を差し込んで蜜を吸っている。そこでみたのはまさしく、マルハナバチ媒花特有の花の形であった。長い花筒、しかも、花が下向きになっている！

サクラソウはマルハナバチ媒花、それもトラマルハナバチの女王の花である！　その啓示ともいうべき「仮説」を証明しようと、私たちはそこで調査を続けることにした。そして今、サクラソウの種子生産に大きな貢献をする最も有効なポリネータはトラマルハナバチ（北海道ではその亜種のエゾトラマルハナバチ）の女王であるということを確信している。

トラマルハナバチの女王をサクラソウの最も有効な送粉昆虫と考えるいくつかの理由をあげてみよう。

第一に、花が咲く季節である。サクラソウの花は春早く咲く。プリムラというサクラソウ属の名は、「第一

図17　エゾトラマルハナバチが訪れると花が下を向いた

に」という意味のラテン語に由来している。この属が春一番に花を咲かせるからである。また、中国ではサクラソウの仲間は報春、つまり春を告げる花という名称をもっている。サクラソウは、プリムラの名にふさわしく、春一番に咲く花である。

もし、「世のなかには晩春や夏や秋に花を咲かせる植物もあるのに、サクラソウはなぜ春に、しかも他の植物に先駆けて花を咲かせるのか」と問われれば、「トラマルハナバチの女王に花粉を運んでもらうため」、と答えることができる。

マルハナバチはミツバチとは違い、一年生の生活史をもつハナバチである。つまり、一頭の女王を母親とする大家族ともいえるそのコロニーは、成立後一年以内に崩壊してしまう。単独で冬眠し冬を越した女王によって春にコロニーがつくられ、秋になると、そのコロニーで新しく生まれた何匹かの女王だけを残して、旧女王も、働きバチも雄バチもみな死に絶える。

冬眠からさめた女王が真っ先にしなければならないことは、適当な営巣場所を探すことである。春先には、地表面をすれすれにゆっくりと飛ぶマルハナバチの女王の姿をよくみかける。時々、落ち葉の下や朽ち木に開いた穴などに潜っていっては、しばらくするとまた地上に出てくる。そうやって巣を探しながら、時折花を訪れる。ハナバチは、エネルギー源の花蜜とタンパク質やミネラルの供給に欠かせない花粉を餌としてとらなければ、健康に活動することができない。

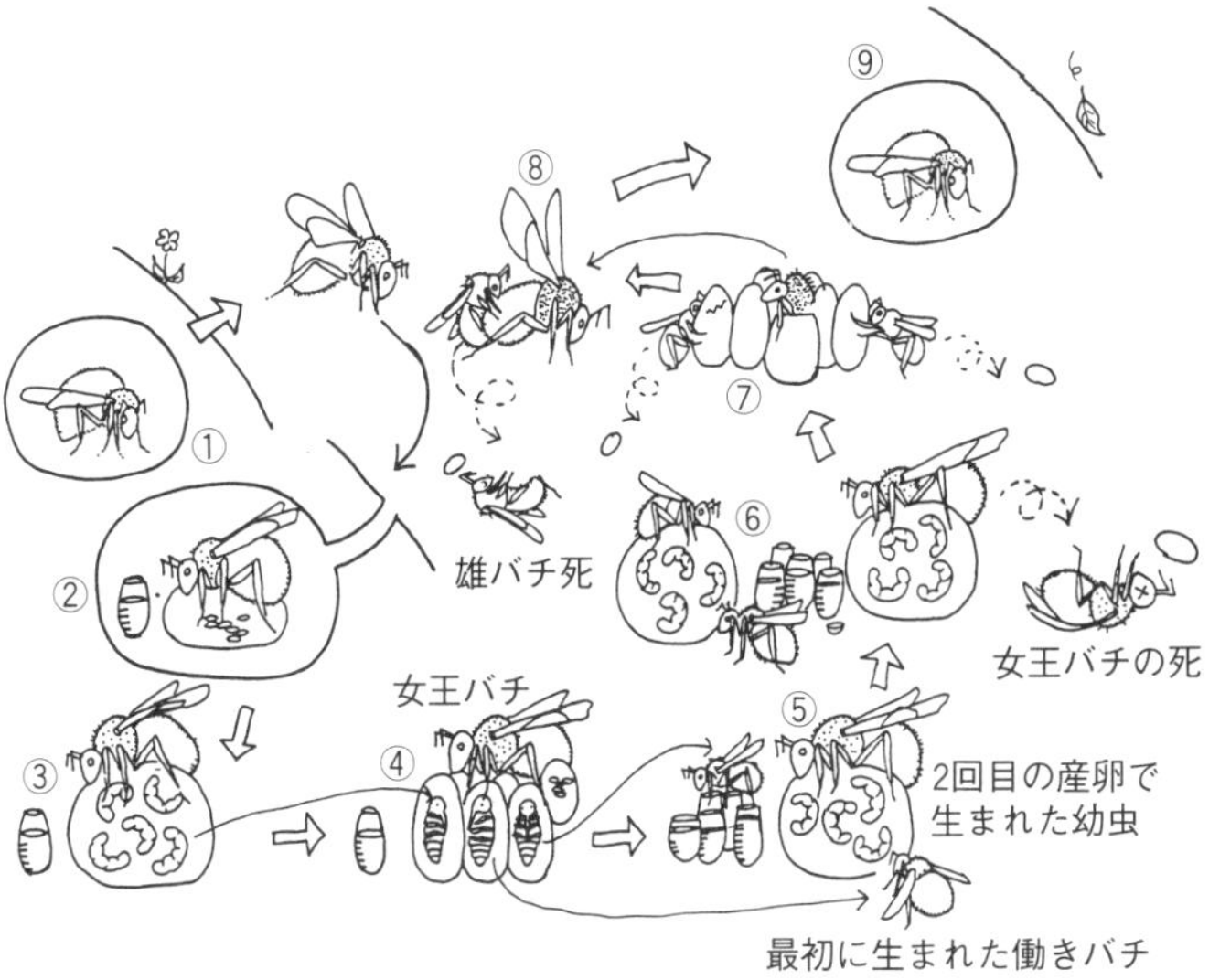

図18　トラマルハナバチ生活史

①春，女王が冬眠からさめる．②営巣を始め，産卵．③子育て．④蛹になる頃，次の産卵．⑤最初に生まれた働きバチに餌集めをまかせ，産卵に専念．⑥数回の産卵をすませ，女王は死ぬ．⑦夏の終わりから秋にかけて新女王と雄バチ誕生．⑧新女王の交尾．雄バチは死ぬ．⑨新女王が冬眠に入る．

さて、気に入った営巣場所がみつかると、女王はさっそく卵を生み、子育てを始める。花から自分で集めた蜜を蜜蝋《みつろう》でつくった蜜壺に貯め、花粉をかためてつくった花粉塊に最初の卵を産みつけ、卵をやさしく抱いて温める。卵が孵化《ふか》して幼虫になると、蜜で湿らせた花粉を餌として与えて育てる。幼虫は成長すると絹糸を紡ぎ蛹となり、しばらくすると繭《まゆ》を食い破り、働きバチが誕生する。

女王は、その巣で最初に生

まれた働きバチたちが成長して働き始めるまでは、頻繁に外に蜜や花粉を集めに出かける。自分の体を維持するためにも、幼子たちの餌としても、相当な量の花蜜や花粉が必要なのだ。

しかも、巣内では卵を抱いて暖めたり餌を与えるなど、子育ての仕事すべてを自分だけでこなす。この時期の女王バチは、おそらく、どんな動物の母親よりも働き者である。

春先、女王というよりはむしろ、巣内外の仕事を一手に引き受ける働き者のお母さんというほうがふさわしい彼女たちが訪れる花は、蜜を花の奥深くに隠している。トラマルハナバチの女王は、働きバチより一回り体が大きく舌も長いためだ。もちろん女王の花は、女王たちが自ら外に出て餌集めをする春に咲かなければならない。

女王は最初に産んだ働きバチが餌集めや育児を担当するようになると、産卵に専念する。働きバチが次々に生み出され、コロニーが成長していく。晩夏あるいは秋になると、コロニーでは、働きバチでなく、新しい女王や雄バチが生まれる。雄バチは、未受精卵がそのまま孵化したものだが、新女王は、働きバチと同じ受精卵から孵化した幼虫が、餌を多く与えられることによって大きく成長したものである。

有性生殖によって次世代の生産にかかわる雄バチや新女王が生まれ始めると、そのコロニーはそろそろ終わりの時を迎える。雄バチは、羽化するとすぐにコロニーを離れて移動し、自分で花から餌を得ながら命をつなぎ、移動した先で新しく生まれた女王との交尾のチャンスを待つ。雄バチも働きバチも旧女王も死に絶え、交尾を済ませた新女王だけが、地下のねぐらを探して冬眠に入る。そして翌春、冬眠からめざめた女王が、新たな自分のコロニーを創設する。

一方サクラソウは、トラマルハナバチの新女王が冬眠からめざめ、巣外で盛んに訪花活動をするコロニー創設期に合わせて花を咲かせる。

トラマルハナバチの女王をサクラソウの花のパートナーと考える第二の理由は、花の形態である。花の形態にはクローンごとに、あるいは花ごとにも多少の変異はあるが、花筒の長さは平均すれば一三ミリぐらいである。それはトラマルハナバチ女王の舌の長さに等しいか、やや短い。

細くて長い花筒の底に蜜がある花では、舌の短い昆虫は蜜が吸えない。だから、そのような昆虫は花を訪れても、せいぜい花粉を食べるぐらいである。ちょうど舌の長さと同じぐらいの長さの細い筒状の花で昆虫が蜜を吸うとき、まるで刀がさやに納まるように、舌は花の筒にぴったりと納まる。花粉が葯を離れて舌に付着するのはその時である。

花粉の見事なつき分け

サクラソウの花を訪れたトラマルハナバチ女王の舌では、異型花柱性に期待される「花粉のつき分け」が観察される。それは、トラマルハナバチのポリネータとしての有効性を示す最も重要な証拠である。

つき分けは、サクラソウを訪花したトラマルハナバチ女王を捕らえて、その口器の付着花粉を走査型電子顕微鏡で調べることで確認できる。長花柱花の花粉と短花柱花の花粉は大きさが違うため、区別して計数することができるのである（写真4、図19）。

長花柱花の花粉と短花柱花の花粉はそれぞれ、口器の異なる部分にかなりの程度分離して付着

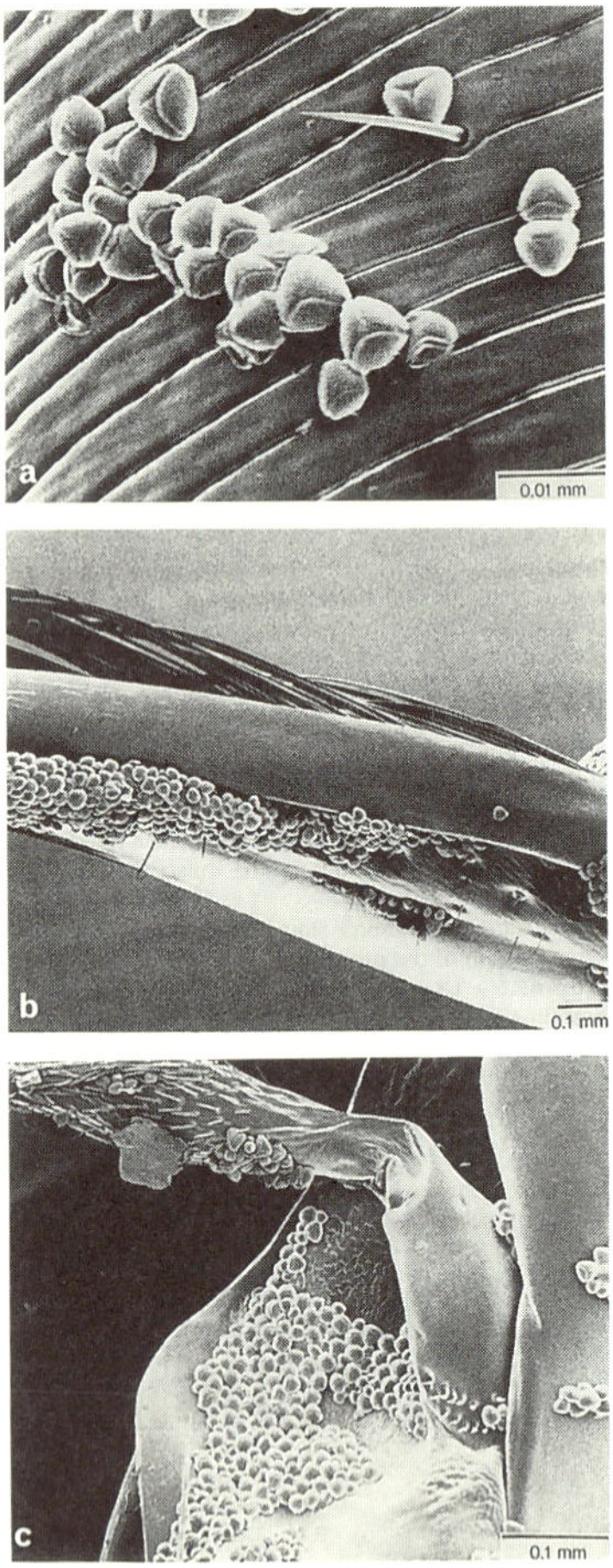

写真4　エゾトラマルハナバチの口器に付着したサクラソウ花粉.
a：小顎外葉(拡大)，　b：小顎外葉，
c：下唇基節と小顎鬚
大きな花粉は短花柱花，小さな花粉は長花柱花由来のもの.

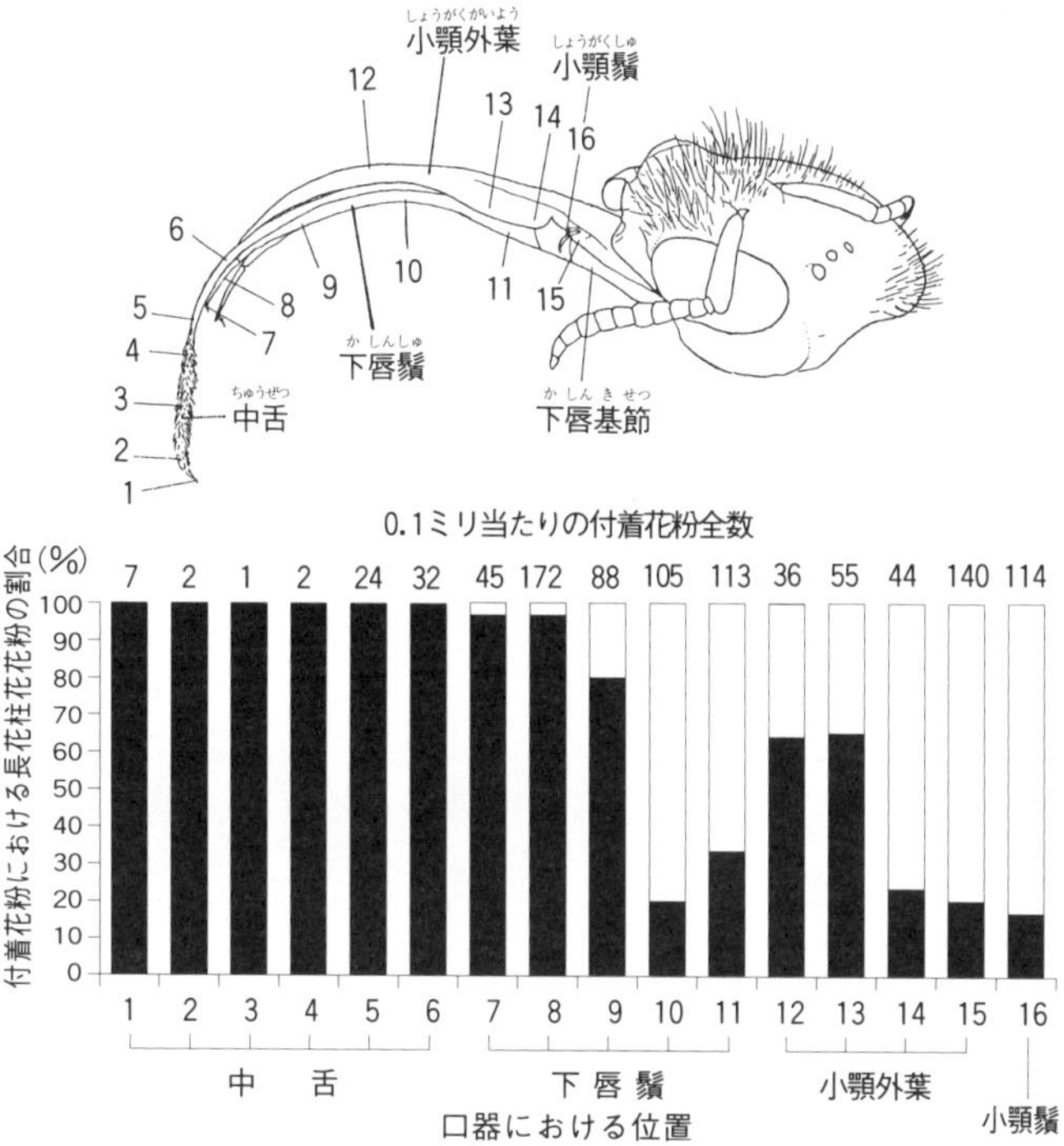

図19　エゾトラマルハナバチの頭部の構造とサクラソウ花粉の付着位置

していることがわかる。これらは、京都大学の加藤真博士が苦心してとった貴重なデータである。

このような花粉のつき分けは、異型花柱性にみられる、特殊な花の形態がどのように進化してきたのかという、ダーウィンの仮説を支持するものでもある。そしてこれは、ダーウィンがプリムラ・ベリスで行った実験の、サクラソウを材料とした場合の追試であり、しかも定量的な形で示された例である。

トラマルハナバチの女王の舌

での花粉のつき分けは、肉眼でもある程度は観察可能である。また、ビデオで撮ればさらに観察しやすい。長花柱花から抜いた舌では先のほうに、短花柱花から抜いた舌では元のほうに、黄色い花粉がついているのがみえるはずだ。

このような明瞭な花粉のつき分けは、トラマルハナバチがサクラソウの異なる花型の間での花粉のやりとりを促進するのに有効であることを示唆する。

では、トラマルハナバチの女王が花を訪れると、種子がよく実るようになるのだろうか？

この問題については、個体群間の比較で検討することにした。

つめあとは語る

関東地方の低地、長野県、および北海道のサクラソウの自生地のいくつかで調査をするうちに、サクラソウの種子生産に違いがあることがわかってきた。トラマルハナバチの女王がよく花を訪れているサクラソウの自生地では、どの花型の花も十分に種子を生産するのに、それがない場所では、サクラソウの花が咲いても種子は十分にできないのである。

しかし、違う地域の自生地では、環境要因がさまざまに異なるため、そこでみられた種子生産の違いが果たしてトラマルハナバチの訪花の差異を反映したものであるのかどうか、はっきりした結論を出すことは難しい。はっきりした証拠を得るためには、同じ地域の多数の自生地および個体群を比較するような調査をしなければならない。北海道の南部には、同じ地域に何カ所もサクラソウが残されている場所があって、そのような調査が可能である。また、こうした調査では、トラマルハナバチの女王がどのくらい花を訪れているかを、自生地ごとに量的に把握することが必要だ。

花が咲いている間にポリネータが訪れたかどうかを知ることは、一般にはかなり難しい。何百・何千もの花を、開いている間、ずっと監視していることなどできないからである。ところがありがたいことに、トラマルハナバチの女王はサクラソウの花びらに訪花の証拠ともいえる「つめあと」を残してくれる。

彼女は蜜を吸うときに、サクラソウの花冠につめを立ててしがみつく（写真5）。その直後にはほとんど目立たないが、数日たつと、強く圧力がかかった部分の組織が壊死し、白い斑点やひっかき傷としてつめあとが浮き上がってくる（写真6）。そのつめあとの有無を花が終わる頃に調査すれば、その場所で、サクラソウがマルハナバチの訪花をどの程度受けたかを知ることができる。

トラマルハナバチ女王の訪花がある所（訪花が観察され、多くの花につめあとがみられる）とない所（訪花が観察されず、花にはつめあとが全くみられない）で種子生産を調べてみると、トラマルハナバチがいる場所では、長花柱花も短花柱花も比較的多くの種子を生産するが、いない場所では、全体として種子生産は低く、花型の間の違いも目立つことがわかってきた。一例として、今でもサクラソウの自生地が数多く残されている北海道南部での調査結果を紹介してみよう。

当時、筑波大学生物科学研究科の大学院生だった松村千鶴さんは、三年間にわたって、サクラソウの花が咲き始める春から夏にかけて現地に滞在し、サクラソウの研究を続けた。この場所で、二〇箇所のサクラソウ個体群を対象として、サクラソウの花の時期の生物間相互作用とサクラソ

写真5　サクラソウの花を訪れるエゾトラマルハナバチ
花冠につめを立ててしがみつく.

写真6　トラマルハナバチのつめあと
トラマルハナバチのつめあとは，組織が壊死した白い点やひっかき傷として花びらに残る.

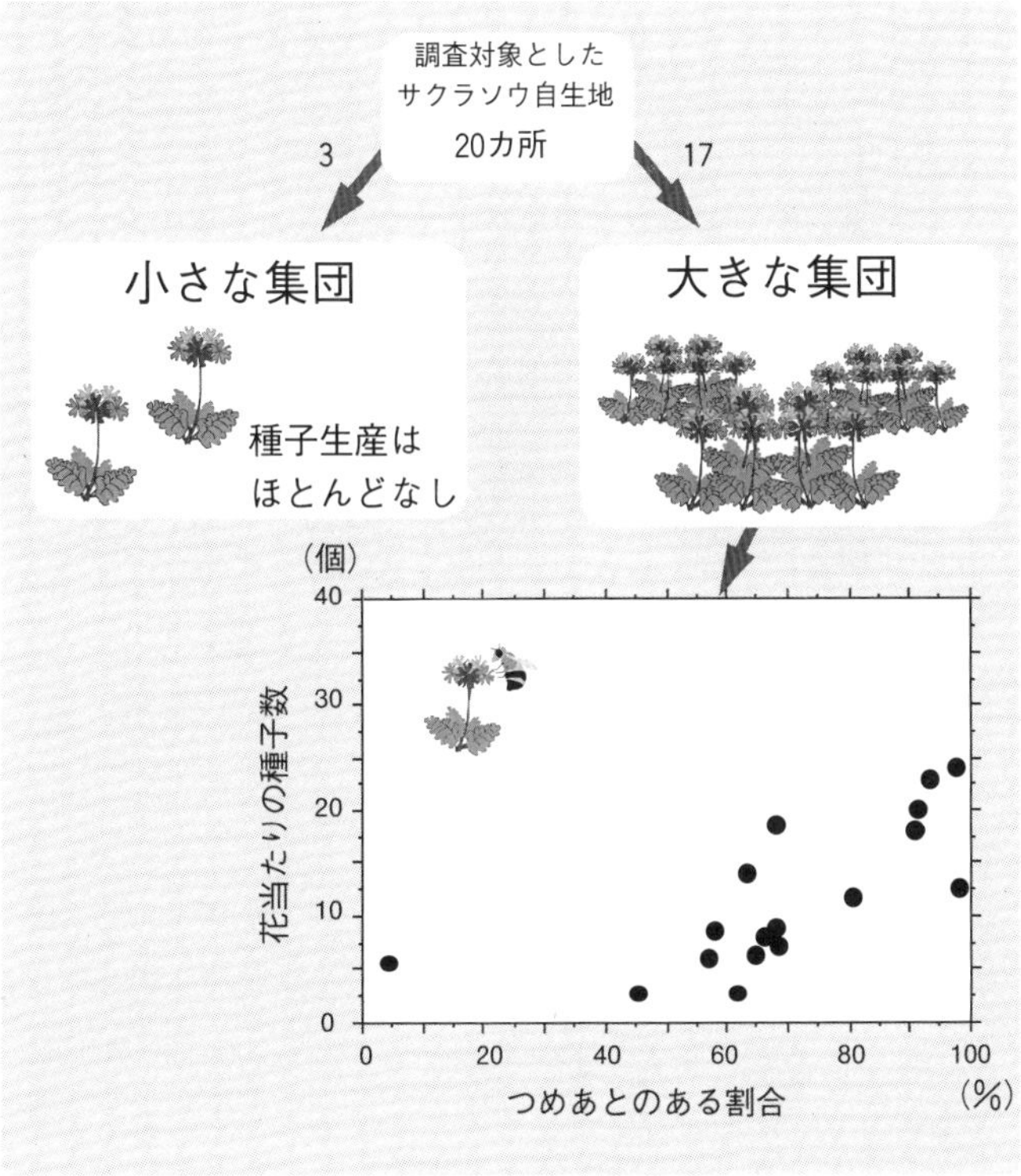

図20　トラマルハナバチ女王の訪花と個体群の大きさと種子生産の関係
(Matsumura & Washitani，未発表)

ウの種子生産について、いくつもの項目にわたる詳細な調査を行った。そしてサクラソウの種子生産には、トラマルハナバチ女王の訪花と個体群の大きさの両方が大きな影響を与えていることを示すデータを得た(図20)。

牧場開発で孤立化してしまったサクラソウのクローンは、種子が十分にできない。他方、クローンがたくさんある自生地でも、トラマルハナバチの女王の訪花がない場所では種子はできない。

すなわち、サクラソウにとっては、実際に二つのパートナーのいずれが欠けても、繁殖に支障をきたす可能性のあることがはっきりと示されたのである。ある程度の大きさの個体群が確保され、しかもトラマルハナバチの女王が花を訪れてはじめて、サクラソウは種子を生産して健全な繁殖を営めるのである。

サクラソウの種子生産が映すもの

サクラソウの種子生産を健全な状態に保つための重要な条件の一つは、トラマルハナバチの女王がサクラソウの花を訪れることである。それには、トラマルハナバチの個体群がその地域に維持されていなければならない。では、トラマルハナバチの個体群が維持されるための条件とはどのようなものであろうか？

まず第一に必要なことは、蜜や花粉を提供する花が春から夏までほぼ途切れることなく咲き続けることである。季節を通じて餌がある場所でなければ、トラマルハナバチはコロニーを発達させることも個体群を維持することもできない。春に咲く花も、夏に咲く花も、秋に咲く花も豊富であるということ、それは、その地域のフロラ（植物相）が豊かであるということだ。

図21　花のリレー
マルハナバチにとっては，春から秋まで花が咲きつなぐことが必要．

第二に、営巣場所が十分にあることである。トラマルハナバチは、ネズミなど小動物の古巣などを利用して地下に営巣する。古巣の数が限られていれば、その供給数によって地域のトラマルハナバチのコロニーの数が制限されることになるであろう。

したがって、春から秋まで花が咲きつなぐ豊かなフロラと、古巣を提供する小動物がたくさん生息していること、つまり豊かな自然が、トラマルハナバチの生息環境の質を通じて間接的にサクラソウの種子生産に影響を与える。

だから、サクラソウの種子生産は、

地域の生物共生のネットワークの豊かさを映す鏡でもある。サクラソウの良好な種子生産が認められ、サクラソウの花が咲いたときに花に多くのつめあとがみられれば、そこはトラマルハナバチの個体群が維持されており、草花の種類も豊富で小動物もたくさん生息している自然の豊かな場所だということができる。

サクラソウの存続を許す景観

北海道の低地の調査地では、サクラソウの本来の生育場所であるカシワ林はわずかな面積しか残されていない。しかし、他の地域と比べれば比較的多くのサクラソウ個体群が残されており、場所によっては種子もたくさん生産される。それは、開発が進んでいるとはいえ、この地域での土地利用の主要な形態が牧場であることと無関係ではなさそうだ。

北アメリカでの研究からは、マルハナバチが農薬に弱い昆虫であることが明らかにされている。牛馬を育成する牧場では、幸いなことに農薬はあまり使われない。そのため、農薬の空中散布が行われる植林地などに比べて、マルハナバチの個体群が維持されやすいのではないかと推測できる。

一方、この地方の本来の自然を特徴づける落葉広葉樹林であるカシワ林が、わずかなりとも残っているのは、海岸に近いこの地方で、カシワ林は防風林として役立つからである。

そのカシワ林も、林床にササなどが生い茂ってしまうと、サクラソウの生育に必要な春先の明るい環境を維持できなくなる。しかし、適度に牛の放牧が行われていれば、林床がササでおおわれることがない。サクラソウや他の多くの林床植物の生育場所となっている林は、何年かに一度、夏季に林間放牧が行われる林でもある。つまり、サクラソウの生育条件が保障されるかどうかは、その地域の産業やヒトの暮らしのあり方によっているのだ。

もし、社会的な条件の変化に応じて景観が変質し、それらの条件が失われるとしたら、この地域でも、保護区を設けて必要な管理を施すなど、より積極的なサクラソウの保全対策が必要となるであろう。

失われたパートナーを取り戻すために

日本列島の現状から考えて、生育場所の分断・孤立化によって種子による繁殖に問題が生じている野生植物は、サクラソウに限らないはずである。森林の林床やギャップ、湿原、水辺などを本来の生育場所とする多くの植物が、生育場所の分断・孤立化の深刻な影響を受けているものと思われる。

個体群があまりに小さくなりすぎ、個体どうしがそれぞれ孤立したために同種の配偶者が得られない場合には、たとえ、ポリネータがまれに訪れたとしても、確実な授粉がもたらされる可能性はほとんどない。そのような状況に置かれている植物については、ヒトがポリネータの役目を担い、配偶相手となりうる個体間での花粉のやりとりを促進するために、計画的に人工授粉を施し、種子を採って増殖させるというようなことも必要だ。このようにかなり深く人為がかかわる管理を行ってはじめて、残された遺伝的な変異を保ちながら個体群を維持させることができるからである。

サクラソウと近縁な仲間のカッコソウは、自生地がもともと関東地方のごく一部の山に限られている。本来、山の斜面のミズナラ林など落葉樹林を生育場所とする種のようだが、自生地のある山は、かなりの部分がスギの植林地になって、生育場所が限られてしまった。しかも、希少であるために盗掘が激しく、絶滅寸前となっている。それぞれのクローンは極度に孤立している。最も近い異型のクローンとの間の距離が、数キロにもなるほどである。

花には時折、トラマルハナバチの女王が訪れるのだが、配偶者となるパートナーが近くにいない。和合性のある花粉が授粉されることがないから、決して自然に種子ができることがない。

私の研究室では、地元のボランティアの方たちと協力し、毎年、開花時期に山に入り、離れば

写真7　カッコソウ

写真8　人工授粉

なれの長花柱花クローンと短花柱花クローンの間で人工授粉を行った。そして、種子を採って株を育成することで、新しい個体と遺伝的な変異の両方を確保することに成功した。

ポリネータセラピーに向けて

一方、ある程度の大きさの個体群が残されているが、ポリネータがいないために種子ができないこともある。この場合には、失われたポリネータを同じ地域から採集し、人工的に増殖させてから再導入するような管理方法が有望であると思われる。こうした方法をポリネータセラピーとよぶ。

しかし、そのような管理はこれまでには先例がない。ポリネータセラピーを成功させるためには、十分な研究によってあらかじめ明らかにしておかなくてはならないことがたくさんある。必要と思われる事柄と、サクラソウの場合について明らかにされていることを述べてみよう。

① パートナーとしてふさわしいポリネータを明らかにする。サクラソウの場合はトラマルハナバチであることが、すでに明らかになっている。

② 十分な授粉を保障するポリネータの個体数を推定する。ポリネータが単位時間当たりに授粉する花数を測定し、植物の開花数や開花の時間的な推移などを考慮して推定する。サクラソウの場合には、数ヘクタールのかなり大規模な自生地でも、トラマルハナバチの女王が数頭いれば、十分な授粉が可能であると推算できる。

③ 生態調査を通じて、ポリネータの個体群維持にとって重要な資源や条件を明らかにする。トラマルハナバチについては今後の課題である。

④ ポリネータの存続可能な個体群サイズを推定する。トラマルハナバチについては、これまでに生態や個体群動態の研究などが行われていないため、今後の研究課題である。

⑤　②と④の推定値のうち、大きなほうを目標にして昆虫を導入する。導入にあたっては、③で明らかにされた昆虫の個体群維持のための花資源や、巣場所などの資源を保障するためのプランを立て、保全の対象とする植物の生育場所とその周辺地域にそれを確保する。具体的にいえば、自然の営巣場所が限られている場合には人工の営巣場所を用意したり、季節によって花が不足することが予想される場合には、周辺地域に、花の途切れる季節に蜜源となりうる植物を植栽するなど。

同じ地域から採集した昆虫を人工的に増殖してから再導入する際には、室内での増殖を何世代も継続することで、意図せずに何らかの人為選択をかけてしまうことのないよう、遺伝的な変異性の維持に十分に配慮することが重要である。特に、野外での生息条件とは全く異なる人工的な飼育条件にのみ適応したものが選抜され、遺伝的に単純化してしまうことを避けなければならない。野外での生存や繁殖に重要な耐病性、営巣場所探索能力、採餌能力などにおいて優れた性質にかかわる遺伝子が失われ、室内での増殖率は大きいものの、野外ではうまく定着できないような集団をつくってしまう危険があるからである。

ポリネータセラピーの実現に向けて、最も困難な問題としてあげられることは、野生の植物の種子生産にとって本質的に重要な役割を果たすマルハナバチのような昆虫の生態が、まだ十分には明らかにされていないことである。ポリネータと花の相互作用を、花の繁殖成功あるいは昆虫の採餌戦略という面からとらえる研究では、これまでにも多くの成果があげられている。しかし、その昆虫の栄養摂取という面から両者の関係を量的に評価する「ポリネータの栄養学」、さらには訪花昆虫の「住居学」や「保健学」、といった研究分野はその進展が遅れている。しかし、それを発展させることなしには、有効なポリネータセラピーを適切にデザインすることは難しい。

ポリネータセラピーという保全のための実用的な目標を掲げることにより、花と昆虫の繁殖をめぐる共生の生態学を、個体レベルから個体群へ、さらには景観のレベルへとスケールアップさせることができる。ポリネータセラピーは、保全のための管理であると同時に、個体群・生態系レベルでの仮説検証の可能な実験の機会ともなる。

よきパートナーであるトラマルハナバチを失ったサクラソウに再びパートナーを与えるために、個体群あるいは生物群集に視点を置いたそのような研究をぜひとも発展させたいものである。

8章　サクラソウをめぐる生き物のネットワーク

種子生産に影響する生物因子を洗い出す

植物は光合成を行って有機物を合成し、生態系のなかでは生産者の役割を果たす。ススキに寄り添って生えることから、古来思い草とよばれたナンバンギセルのように他の植物に寄生する植物、落ち葉のなかから抜けるような白い姿を現すギンリョウソウのように分解物に依存する腐生植物もないわけではない。しかし、それは植物としてはかなり特殊な栄養摂取法である。一方、動物は、植物を食べるか他の動物を食べるか、いずれかの方法で栄養をとる。そして多くの微生物は、分解者として植物や動物の遺体を分解するか、生きた植物や動物に寄生することで栄養をとる。

だから、植物は物質とエネルギーの流れの出発点であるとともに、生物間相互作用の要でもある。そこからは、網の目のように生物間相互作用のネットワークが広がって、生物群集が形づくられる。豊かな自然のなかでの生物間相互作用のネットワークは、そこに含まれる膨大な数の要素、要素間の絡み合い、それらの複雑さや変化しやすさなどにより、私たちがその全容を把握することはきわめて難しい。しかし、そのごく一部についてでも糸の絡まり合いを解きほぐし、その網の目を構成する法則性を多少なりとも解き明かすことができれば、ネットワーク全体を保全するために役立つ指針が得られるはずである。

そのように考えて、私たちは、サクラソウと直接かかわり合いをもつ生物を、動物、微生物を問わず、できる限り明らかにする研究を進めている。その研究、「サクラソウをめぐる生物間相互作用」では、注目した生物間相互作用がサクラソウの種子繁殖の成功や個体群維持機構に果たす役割を明らかにする一方で、サクラソウとかかわる生物がサクラソウに依存して生きる姿を明らかにすることをめざしている。

私たちはまず、サクラソウの種子生産に、直接的・間接的影響を及ぼす生物因子を洗い出すことから研究を始めた。

植物が種子繁殖するには、それに先立つ十分な栄養成長、すなわち、体に有機物・エネルギーを蓄積することが必要である。栄養成長期の光合成物質生産は、光、水、栄養塩などの供給、すなわち無生物的な環境要因の影響を強く受けるのはもちろんのこと、生産器官である葉、栄養塩や水の吸収器官である根、生産した物質を貯蔵する地下茎などの状態にも大きくかかわっている。例えば食害、つまり動物に食べられてしまうことによっても、多大な影響を受ける。私たちの研究では、種子繁殖への影響ということをそこまで広く考え、北海道大学低温研究所の大串隆之博士の協力も得て、サクラソウの葉を食べる虫なども含めてその影響を調べた。

種子生産の制限要因	影響する生物因子
繁殖に投入できる物質・エネルギー	生産器官・吸収器官・貯蔵器官の食害および病害生物 ガの幼虫(ヒメハマキガ),アワフキムシ，ハモグリムシ,アブラムシ，サビ病菌
授　　粉	ポリネータ トラマルハナバチ，ハナダカハナアブ,チョウ類,コハナバチ類
繁殖器官の食害・病害	繁殖器官の食害・病害生物 ハナムグリハネカクシ，ガの幼虫，奇妙な酵母とクロホ病菌

図22　サクラソウの種子生産を制限する可能性のある生物因子

今までに私たちが調査対象とした、サクラソウの種子生産を制限する可能性のある生物因子を整理してみたのが図22である。

植物を食べる虫の害

植物を食べる動物は、植物ならば何でも食べるというわけではなく、動物ごとにある程度決まった植物の、それも特定の部分を食べるのがふつうである。

例えばそれは、アブラナ科植物の葉であるとか、キク科植物の花粉であるとか、コナラのどんぐりであるとか、灌木の葉であるとか、イネ科の植物の葉であるとかといった具合に、動物ごとに多少の幅をもちながらも、ある程度まで特異的に決まっている。

それは一方で、動物が植物体の消化においていくつかの制約をもっていること、他方、植物が動物に食べられないために多様な防御機構をもっていることによっている。ヒトはさまざまな植物を食べて暮らしているが、それは、作物の品種改良や調理によって、文化的に植物の防御機構を打ち破ることができるからだ。

植物を食べる昆虫、すなわち植食性の昆虫のなかには、北アメリカから日本にやってきたアメリカシロヒトリの幼虫のように、より好みをせずに多様な植物の葉を食べるものもある。しかし、多くの植食性昆虫は、それぞれ決まった植物の決まった部分だけを食べて生きる。カイコが桑の葉に頑固にこだわることは、よく知られた事実である。科学の力でリンゴを食べる変わり者のカイコをつくれば、それはたいへん珍しいことなので話題になるのだ。

ある種の昆虫たちが餌として特定のお気に入りの植物にこだわる背景には、植物とそれを食べる動物たちの長い年月にわたる進化を通じた闘いがある。植物は、光合成によって生産した有機物でつくった植物体を、動物に食べられないように、アルカロイドなどの毒をつくったり、毛を生やしたりと、あの手この手の防御法を進化させている。

昆虫のほうは、飢え死にしないためには、植物の防御を打ち破らなければならない。からだの小さな昆虫が、いくつもの防御を打ち破る術を身につけることはできないので、専門化が起こる。

つまり、部分的なりとも、首尾よくその防御を克服した植物だけを食べるのである。その専門化がどのようなものであるかは、モンシロチョウはキャベツ、雑木林のチョウであるオオムラサキはエノキというように、チョウの食草・食樹が決まっていることを思い出せば十分納得していただけるだろう。

植物と昆虫の進化を通じたこの闘いでは、長い進化の歴史のなかではそのいずれかが滅びてしまうこともあったに違いない。しかし、両方がほどほどのところで妥協すれば、食べられるものと食べるものの共存が可能になる。つまり、防御は有効であるけれども完璧ではないという状態ならば、植物とそれを食べる虫は共存できる。植物を食べる虫(食害者)はいくらでもいるのに、植物が滅びてしまわないのは、そのような微妙なバランスが成り立っているからかもしれない。

植物を食べる虫の研究は、これまでは主に作物や林木を食べるものに限られていた。野草を食べる虫の研究はそれほど多くはない。サクラソウの花や葉や果実などを食べる昆虫を調べてみると、意外なこともいろいろとわかってきた。

ちょっと迷惑な居候、ハナムグリハネカクシ

サクラソウを食べる虫のなかでも特に興味深いのは、ハナムグリハネカクシ属の昆虫である。

この昆虫はサクラソウのつぼみに穴を開けて花のなかに潜り込み、花粉を食べたり、そこで交尾したりと、サクラソウの花をまるでルームサービスつきのホテルのように利用する。この虫が花を利用すると、種子が全くできない。サクラソウにとっては、たいへん迷惑な闖入《ちんにゅう》者だ。けれども、農耕地や植林地などと異なり、良好な自然の残されている場所では、このようなタイプの食害者が猛威をふるって地域のサクラソウ全体に大きなマイナスの影響を及ぼすことはないようだ。何年間にわたって調べてみても、被害は局所的で、一部のサクラソウ個体群だけに限定されている。それは、この昆虫があまり大きな移動能力をもっていないことが理由であると思われる。

図23　ハナムグリハネカクシ

被害が地域全体には及ばないもう一つの理由は、植物が空間的に分離したいくつもの別の個体群に分かれて生育していることである。個体群の空間的な分散構造は、危険の分散にも役立っているようだ。しかし、サクラソウの個体群が一つだけ孤立するほどに衰退してしまえば、その最後の一つが、食害によって壊滅的な影響を受けることもあるかもしれない。

他方、もし、サクラソウが絶滅してしまったら、このハナムグリハネカクシは、大切な食べ物とすみかを失って、絶滅の憂き目に遭うであろう。サクラソウの花や葉を食べて生きている昆虫は他にもいろいろいることが明らかにされつつあるが、そのなかにはサクラソウに強く依存して生活しているものが、他にもみつかる可能性がある。

クロホ病と奇妙な酵母——「等花柱花がいっぱい」の謎

さて、農作物に病気があるように、サクラソウがかかる病気というものもある。野辺山の自生地でも、北海道の自生地でも、クロホ病に侵されたサクラソウがみられる。筑波大学農林学系の柿嶌真博士によって、それがシベリアですでに報告されていた、プリムラに特異的なクロホ病菌によるものであることが明らかにされた。

クロホ病菌の被害は、果実が成熟する季節になると明瞭になる。病気に侵されたサクラソウでは、果実のなかに種子のかわりに黒い胞子がつまっているからだ。クロホ病は、私たちが調査地としている地域のいずれでもみられ、サクラソウにとってはどうやら風土病のようなもののようだ。この病気が認められる場所では、毎年決まって同じような症状のサクラソウがみられる。しかし、ハナムグリハネカクシの害と同じように、被害はかなり局所的で、一部の個体群にだけ限定されている。

数年前、長野県佐久市の自生地で花の調査をしているときに、みかけ上は等花柱花のような花がたくさん咲いている不思議な場所をみつけた。そこは、山あいの薬用ニンジンの畑のまわりにある自生地であった。サクラソウの花の頃、まだ落葉樹が十分に展葉しきっていない微妙な色あいの山には、ヤマブキ、ヤマツツジ、そして裾にはリンゴの花も咲き、やわらかい春の光のなかでその淡い色を競う。たくさんのサクラソウが畑の縁で花を咲かせる。

その等花柱花もどきは、花筒の長さがやや短かった。等花柱花はそれまで各地を調査しても、ごくまれにしかみつかっていなかった。なのに、等花柱花がこれほど多いとは、何か特別の事情があるのかもしれない。花を調べているうちに、花筒のなかに白い粉のようなものがたくさんみられることに気づいた。それは、酵母状の菌であることが後でわかった。また、花筒が他のサクラソウの花に比べると、ずいぶん短い。これらを総合すると、次のように解釈される。

白い粉のみられる花は、もともとは短花柱花である。酵母状の菌の仕業なのか、花筒が十分に伸びない。葯は花筒に密着しているから、本来、柱頭よりずっと高い位置にあるはずの葯が柱頭と同じぐらいの位置に来る。そのため、まるで等花柱花のようにみえてしまうのだ。

花の奇形をもたらす新たな病気をみつけた、と思った。花筒が短くなるように花の形を操作することで、蜜を吸える昆虫の制限を少なくし、昆虫をポリネータならぬベクター（媒介者）として自らの分散に役に立てているのではないかと考えたのだ。

その後、種子生産を調べるために果実を採集する時期になって、また不思議なことをみつけた。奇妙な酵母がみられた花の咲いていたあたりで、クロホ病の感染率が特別に高いのである。翌年になって柿蔦博士が、奇妙な酵母とはクロホ病菌の別の姿であることを突き止めた。

あるときは酵母に変身するクロホ病菌がサクラソウの体のなかでどのような生活をしているのか、まだよくわからない。菌の培養が難しく、研究がしにくい対象だからである。しかし、サクラソウの感染株のなかには、菌が菌糸の形、あるいは別の形で潜んでいることだけは確かなようだ。毎年同じクローンを観察していると、前の年に感染株がみられたクローンでは確実に感染株がみられ、場所によってはクローン成長に伴って増えていることが確かめられるからである。

花の時期に花のなかの蜜のあたりにたくさんみられる酵母は、ポリネータが花を訪れたとき、その体について花から花へと運ばれるのだろうか。もし、そうであれば、授粉によって繁殖を助けるはずのポリネータである昆虫が、病気を広めるベクターとしても働くことになる。少し複雑な生物間の三角関係の研究材料としても、サクラソウは役立ちそうなのだ。

サクラソウの保全と未来

サクラソウの受粉を助けるだけでなく、個体群の構造にも大きな影響を与えていると考えられるトラマルハナバチ、サクラソウの花のない晩春から秋までの季節にトラマルハナバチに餌を提供するたくさんの野の花、トラマルハナバチの営巣に古巣を提供する小動物、サクラソウを食べる虫、サクラソウに寄生する菌……。サクラソウをめぐる生き物のネットワークは、たどっていけばいくほど、どんどん広がっていく。サクラソウの保全とは、そんな生き物のネットワーク全体を保全することである。そのためには、サクラソウが残されている場所だけでなく、地域の景観全体を視野に入れなければならない。

私たちが調査地としている北海道の南部は、この土地ならばサクラソウも末永くその重要な花粉の運び手であるエゾトラマルハナバチとともに生き残っていけるのではないか、と思われる場所である。かつて、この地にはカシワ林が広がるなだらかな丘がどこまでも続き、そこに皺《しわ》のように刻まれた沢に沿って、サクラソウがそこかしこに生育していたものと思われる。今では、どの丘もすっかり牧場として開発されつくした感がある。地形も大きく改変されて、平坦にされた所もある。しかし、この地域にはサクラソウの居場所がそれなりに残されている。

写真９　オオバナノエンレイソウとサクラソウ

なだらかな起伏のある広大な大地、牧草地に遊ぶ馬の群れ、防風林としてそこここに残されたカシワ林の春を彩るオオバナノエンレイソウとサクラソウ。海に近く、曇りや霧のかかる日の多いこの土地であるが、時折広がる青空に、芽吹く途中のカシワの渋い黄色い葉、さまざまな草の葉の緑、オオバナノエンレイソウの白、サクラソウの多彩なピンクが映える。林を越えて少し視線を遠くにのばせば、どこまでも続くかのようにみえる広大な牧場に母馬と戯れる子馬。空と少し違う色彩で眼下に広がる海。

しかも、ここには、私たちの研究を理解し応援してくださる方々がいる。また、この地域の人々のサクラソウとの接し方にはとても好感がもてる。特別な植物という意識はほとんどない。春になると、野や林を彩ってくれる花として親しみ、摘んできたサクラソウをコップに何気なく生けて窓辺や洗面所などに置く。今日、日本のなかでサクラソウが一番幸せに生きることのできる場所がここに残されている、と確信することができる。しかし、残念ながら、このような場所は他にはもうあまり残されていない。

すでに述べたことであるが、関東地方のあるサクラソウ自生地を見に行ったときのことである。村の天然記念物に指定されているということだが、自生地は異臭の漂う廃棄物の処分場に隣接し、鉄条網の柵で囲われていた。その面積は申し訳程度のわずかなもので、残念ながら適切な管理がなされているようにはみえなかった。そこに生育しているサクラソウもわずかで、何とも痛々しい姿であった。何よりもひどいことは、そこのサクラソウは野の花として扱われていないことである。まるで花壇に植えるように移植され、野生の生物としての生育と繁殖に必要な環境を保障されていない。野生生物としての尊厳が損なわれている、という表現が適当かもしれない。

サクラソウの生態を理解し、またサクラソウだけを保護するのではなく、サクラソウをシンボルとしてその生育場所全体を保全することを目標にすれば、地域の環境や自然を守ることに大いに役立つはずなのに……。こう思うと、残念でならなかった。「生物多様性の保全」という思想が、活動的な一部の市民と中央の省庁だけでなく、日本のすみずみまで、どこでもふつうに通用するようなものにならないと、レッドリストの植物の将来は暗い、もう手遅れかもしれないという危機感を強く感じた一瞬でもあった。花鳥風月を尊び、自然とともに生きてきたはずの祖先の心を、経済の成長を急ぐあまり、今の日本人は受け継ぐことができなかったのだろうか。そんな思いも、一瞬心をよぎった。

しかし、冷静に考えてみると、すべてが失われ取り返しがつかない、というまでには生き物の喪失は進んでいない。病は重いが、今からでも決して遅くはないのである。

春、サクラソウの花が他の花と共に咲き敷く落葉樹林や河原、花に飛び交うトラマルハナバチはじめ他のハチやチョウ、あたりには芳ばしい花と緑の香がたちこめている。足下にも梢にも上空にも、虫や鳥や獣の気配が漂い、小鳥の賑やかなさえずりがトラマルハナバチの羽音と共に聞こえてくる。今こそ、そのような風景を積極的に取り戻すことを考え始めなければならない。修復が不可能なまでに失われる前に、生態的な原理にのっとった適切な自然の回復・復元を考えれば、サクラソウやそれを取り巻く入り組んだ生物間相互作用のネットワークを、いつまでも私たちが生活する領域に確保しておくことができるであろう。

それをせずに、つまり、生物多様性に配慮することなく、次の時代を迎えたらどのようなことになるであろうか？

目にできるものほとんどがコンクリートの建造物ばかり、緑はといえば、整然と作物の植えられた田畑と空き地や河原の外来植物の群落、それに加えて材木を生産するためのごく少数の樹種だけから成る植林地。野生の植物は、どこに行っても同じコスモポリタンの外来雑草ばかり。目にすることのできる昆虫、鳥、獣、といえば、作物の受粉、害虫の天敵など、ヒトの生産と生活に役立てるために、人工的に増殖されて田畑や植林地に放された生物――セイヨウオオマルハナバチや生物天敵として導入される昆虫のように――やペットとしてヒトが飼っているもの、あるいはそれが逃げ出して野生化したものだけ――今後さらに世界各地から集められた多様な動物がペットにされるかもしれないが――。そんな世界で、次世代以降の人々は生きることを強いられるのである。

自然は私たちヒトのモラルの源であり、心の成長の糧である。生き物の間に複雑に張りめぐらされた関係、微妙なものごとの釣り合い、多様なものが集まって織りなす美しさと厳しさ、ヒトの意志ですべてをコントロールすることのできないダイナミクスやプロセス、それらが織りなすたくさんの不思議に満ちた山や森や草原。そのなかで、私たちが意識するしないにかかわらず感じる畏敬の念や感動、それが私たちの心に、大いなる意志、あるいは機微やバランスの感覚などを養う。ヒトの都合でアレンジされた生き物だけから成る単純な系のなかでは、ヒトの功利的な意識がすべてを支配する。ヒトの力を大きく凌ぐ神々しさや入り組んだ関係から生じる意外さ、多様なものの間に成り立つ絶妙なバランスなどに感動するチャンスはほとんどなく、そこで育つヒトの心は、薄く機微の乏しいものとならざるを得ないだろう。

そのような時代を迎えずにすむように、生物多様性の厳しい現状を改善することが必要だ。残されたものを最大限維持するとともに、すでに失われてしまった生息・生育場所や植生の再生に取り組むことも必要である。残されたものがあまりにも少なく、孤立していて、それだけでは保全が難しいからである。そのために何よりも必要なことは、目標とする種の生態や、それをめぐる生物間相互作用のネットワークなどについて、十分に理解することである。その野生生物の「尊厳」を尊重するために、するべきこと、してはいけないこと、をしっかり見極めるために。

9章　遺伝子の多様性を探る

大型プロジェクトによる遺伝子の研究

サクラソウの生態を二〇年以上にわたって研究してきた私にとっても、それは今でも多くの謎に包まれた存在である。しかし、多くの良き共同研究者に恵まれて順調に研究を進めることができたため、その素顔が少しずつ明らかになりつつある。

二〇〇〇年代に入って、サクラソウの研究には新たな進展がみられた。「野生植物の遺伝子多様性保全戦略構築のための研究――サクラソウをモデル植物として――」という課題名の大型研究プロジェクトが、国の「未来環境創造型基礎研究推進制度研究」課題として採択されたのである。私が代表者を務めたそのプロジェクトには、東京大学の岸野洋久博士、森林総合研究所の津村義彦博士、筑波大学の大澤良博士、国立環境研究所の竹中明夫博士、民間の研究組織ピッキオの南正人博士が分担者として加わってくださった。

四年間にわたるプロジェクト研究は、前章までに紹介したサクラソウの研究の発展としては、特にこれまで手薄だった遺伝的な側面に焦点を当てたものである。同時に、サクラソウをモデル植物とし、「遺伝子の多様性」の保全と他殖性植物の絶滅回避、すなわち絶滅危惧植物の保全のための指針を明らかにすることを目的に実施された。プロジェクトには何人もの若手研究者や大学院生がかかわり、そのうちの数人がサクラソウの研究によって博士号を取得した。それらの研究は、研究成果を集大成した『サクラソウの分子遺伝生態学』（東京大学出版会）という単行本にくわしく紹介されている。

個体群の絶滅のリスクを見積もるには、個体数やその動向だけでなく、繁殖過程を介した遺伝的な変化についての考察や予測が欠かせない。そのためには、分子遺伝マーカー（DNAの特別な塩基配列などでゲノム上の印として役立つもの）を用いた分析が必須である。研究プロジェクトでは、まず分析に必要な分子遺伝マーカーを開発した。マーカー開発で中心的な役割を果たしたのは森林総合研究所の上野真義博士であり、現　京都大学教授の井鷺裕司博士にもお世話になった。首尾よく葉緑体DNAおよびマイクロサテライトマーカー（核遺伝子）といった分析に必要な道具が用意され、それを用いたサクラソウの保全遺伝生態学の研究が大きく進展した。遺伝子の動態を探る検査用具ともいうべきそれら分子遺伝マーカーを手にしたことで、野外での調査だけでは決してみることのできない、トラマルハナバチ女王による授粉に大きく依存する繁殖の実態と帰結についても窺い知ることができるようになった。

このプロジェクトを通じて、サクラソウの全国的な現状や遺伝的な多様性についての把握が進んだ。研究はさらに、カッコソウやユキワリソウなどのサクラソウ属の植物にも広がった。

ここでは、サクラソウの保全遺伝生態学の研究について、主要な成果の一部を紹介してみよう。

南へ北へ、残されたサクラソウ自生地を訪ねる

研究プロジェクトでは、まず北海道から九州までの全国のサクラソウ自生地に残存する個体群の現状を調べることにした。数年間にわたって、サクラソウの開花前線が日本列島を駆け抜ける四月終わりから六月半ばにかけて、それぞれの土地の緯度や標高に応じてちょうど開花期に当たるように、各地の自生地を訪れた。南ほど、低地ほど早くサクラソウは開花するので、いつどの自生地を訪れるか、綿密な計画が必要だ。

調査では実際に現地を訪れ、自らの目でサクラソウが置かれた状況を確かめることとした。この全国調査によって、それまでの研究で訪れていた落葉樹林や草原などの現場とはかなり違う自生地を目にすることができた。

例えば、岡山県の山間ののどかな田園地帯の素堀の用水路には、その縁に点々と咲くサクラソウがみられた。それは、圃場整備を免れた水田地帯の生物多様性の豊かさを垣間見させる風景でもあった。中部地方でも田んぼの畦にサクラソウが咲いていた。サクラソウが人の生活域に普通にみられる野草であったことを確信することができた。サクラソウは、火山の周辺地域の落葉樹

林の渓流沿いや湿性草原など適度なかく乱のある自然の生育場所だけでなく、伝統的な人間活動がつくり出す明るく多少は湿った環境によく適応していたからこそ、身近な野草であったのである。

この調査で活躍したのは、当時筑波大学大学院に在学中であった本城正憲博士である。私が訪れることができなかった一部の自生地も含め、全国で七十近くの個体群を調査し、分子遺伝マーカーを用いた分析を行った。

各地に残されたサクラソウ個体群は、それぞれが大きさも環境も異なっていた。調査した個体群のうち三分の一ほどは、数クローンしか含まないごく小さな個体群であった。それらは、きわめて絶滅しやすい状況に置かれており、存続させるためには手厚い保護が必要である。それに対して比較的安泰と考えられる個体群、すなわち一〇〇を超えるクローンを含む個体群も三分の一程度であり、残りはその中間の大きさであった。

いくつかの地域においては、調査データに基づいて保全のためのアドバイスを行った。地元の人たちの関心が特に高い鳥取県、長野県、岩手県の自生地では、保全の取り組みが着実に進展しつつある。

各地でのサクラソウ保全の取り組み

鳥取県西部、大山の山麓では、地元の植物愛好家の方々がつくる「鳥取県西部希少野生植物保全調査研究会」を中心とした調査、保全、再生の取り組みが特に盛んである。この地域では、拡大造林の時代に落葉樹林や草原はその多くがスギ・ヒノキの人工林に替えられ、サクラソウは生育する場を失って衰退した。研究会の方たちは、辛うじて残されているサクラソウ群落を捜し出し、保全する取り組みを進めている。聞き取りと踏査によって精力的にサクラソウの残存自生地を探索し、自生地がみつかると、地元や自治体に働きかけ、協力して保全・再生に取り組む。地元の地域作りの会のいくつかが、それを受けて熱心に自生地保護の活動を展開している。鳥取県のレッドデータブックの作成にたずさわったこの研究会の活動を通じて、同県では絶滅寸前と思われていたサクラソウの残されている場所が次々に発見され、その存在に人々が関心を寄せるようになった。鳥取県のサクラソウは残された自生地の数やクローンこそ少ないが、人々の熱意が絶滅の淵から確実にサクラソウを救い出しつつある。

鳥取県は、同県のレッドリストに掲載された種の中から何種類かの種を特定希少野生動植物に指定して保護管理事業計画をつくり、保全活動に取り組むＮＧＯを支援している。サクラソウも

写真10　鳥取県のサクラソウ自生地における保護・保全活動に関して現場で話し合う市民と研究者

写真11　「軽井沢サクラソウ会議」が出版した書籍

指定種となり、計画が策定された。サクラソウ自生地を擁する日南町《にちなんちょう》、江府町《こうふちょう》、日野町《ひのちょう》なども日野郡希少野生植物保全等連絡協議会をつくり、町をあげて保護活動に積極的に取り組むなど、全国に先駆けた保全・再生の取り組みが進展している。研究会の方々や地元の方々のご尽力の賜である。

今でも比較的大きなサクラソウの個体群が残されている長野県軽井沢では、二〇〇〇年に結成された「サクラソウ会議」というＮＧＯが、サクラソウ自生地の自然再生をはじめとするさまざまな取り組みを進めている。二〇〇五年の春には、『もう一度見たい！　軽井沢の草原・湿原』という書籍を出版した。人々が軽井沢の野草に関する思い出と思いを綴ることで、急速の衰えつつある野草を守るようすがにしようというものである。

今でもまだ素晴らしいサクラソウ自生地の湿地がいくつも残されている岩手県でも、サクラソウを保全するためのボランティアの方々の活動が始まった。

このように保全活動が進展している自生地もあれば、サクラソウは残されていてもその保全についてはあまり人々の関心が高くない地域があるなど、残されているサクラソウの個体群の大きさ、自然環境などが大きく異なるだけでなく、サクラソウと地域の人々との関係にも非常に大きな差異がある。さらに、山形県や石川県にはかつて自生地が存在したとされるが、数年間にわたって努力をしたものの、残存する個体群は見いだせなかった。

「種内の多様性」のいろいろ

全国各地をたずね歩く中で、遺伝変異分析用のサンプルが集められ、サクラソウの保全のための分子遺伝生態学の研究が始まった。

ここでまず、遺伝子の多様性および遺伝的変異の基本的な説明をしておこう。

生物多様性条約によれば、生物多様性の保全には、種と生態系の保全に加えて「種内の多様性」の保全が含まれる。「種内の多様性」は遺伝子の多様性とも呼ばれる。どのような生物のゲノムにも膨大な数の遺伝子が含まれている。遺伝子の中には、適応的形質を支配するため、環境の作用である自然選択（4章）を受けるものもあれば、中立的、すなわち自然選択を受けないものもある。それら遺伝子群にみられるあらゆる変異（認識できる何らかの違い）が「種内の変異」、すなわち遺伝的変異の実態である。

種内の多様性は、地域による違いである地理的変異、地域内の個体群の間にみられる変異、さらには個体の表す個性の違いともいうべき個体群内の変異に大別することができる。

地理的な変異や地域の個体群の間にみられる変異を把握することによって、遺伝的なまとまりからみた種内の「保全の単位」を明確にすることができる。「保全の単位」とは、保全にあたって同一の特性をもつと考えられ、その内部での移植などが問題とはならない範囲である。

サクラソウという種を一つの「保全の単位」とするのでは、サクラソウがその歴史を通じて形成し維持してきた種内の多様性を保全することができない。少なくとも、種の中に認められるそれぞれ特有な特徴を持つ地域集団を「保全の単位」とすることが必要である。遺伝的な地理的変異は、そのような集団を区別するメルクマールとして役立つ。現在の遺伝的変異のあり方は、現在の遺伝的交流のみならず、その歴史を反映しているからである。例えば後に述べるように、九州のサクラソウと中部地方のサクラソウの間には肉眼でも確認できる違いがないわけではないが、分子遺伝マーカーでは明瞭な違いが認められる。その違いは、サクラソウが日本列島に入ってきて以降、サクラソウがたどった繁殖や分布拡大の歴史を反映している。さらに、同じ地方の個体群の間でも、遺伝子の相互の交流、すなわち交配が妨げられてから時間がたっていれば、その「隔離」の程度に応じて遺伝的な違いが認められる。

突然変異がゲノム上にもたらす変化は、時間を経るにつれて環境の作用である自然淘汰によって除去されたり温存されたり、あるいは集団が小さければ偶然の効果によって消失したり維持されたりする。そのような遺伝的な変化に関して、内部に何ら自由な遺伝子の交流に妨げるもののない個体の集団（ランダムな交配を仮定できるメンデル集団）は、いわば「運命共同体」である。しかし、地理的に離れていたり、その他の理由によって交配、すなわち遺伝子の交流を妨げられる集団間では、その隔離の程度やその持続時間に応じて遺伝的な違いをもたらされるのである。

さて、遺伝的な変異や分化の分析では、どの程度のタイムスケールで生じる遺伝的な差異を検出するのかといった目的に応じて、分析用の分子遺伝マーカーを使い分ける。葉緑体ＤＮＡの塩基配列はやや長い時間スケールにもたらされた分化をみるのに適しており、より頻繁な突然変異を受けるマイクロサテライトマーカーはそれよりも短い時間スケールにおける分化や、個体群内の遺伝的な多様性を調べるのに適している。それぞれ特性が異なる多数のマイクロサテライトマーカーを用いることができれば、個体群内に遺伝的な空間構造が認められるかどうかを調べたり、花粉と種子による遺伝子の動き、すなわち花粉流動および種子流動から成る遺伝子流動を詳細に調べることが可能となり、きわめてダイナミックな有性生殖のプロセスにメスを入れることができる。森林総合研究所のポスドク研究員としてこのプロジェクトに参画した上野真義博士の努力が実り、サクラソウでは三桁にのぼるマイクロサテライトマーカーが開発され、後で述べるように遺伝子流動の研究にはずみがついた。

種内の多様性には一つの個体群の中にみられる多様性も含まれる。これは、その個体群の絶滅リスクとも大きくかかわるものである。多様性が少ないことは一方でそれらの個体が遺伝的に近縁であることを意味し、近交弱勢の危険が高いことを意味する。他方、環境変動や世代時間の短い食害者や寄生者との軍拡競走に対処することが難しいことも意味する。

サクラソウの地理的遺伝変異と保全の単位

葉緑体DNAの塩基配列変異およびマイクロサテライトマーカーの分析により、全国の六六個体群を対象として、現在日本列島に残されているサクラソウの遺伝的変異の大要が把握された。

葉緑体DNAの五箇所の遺伝子間領域の塩基配列を決定したところ、その変異には二二タイプが認められ、それに基づく系統解析を行ったところ、三系統（クレード）が認められた。さらに、より多くの変異を含むマイクロサテライトマーカーを併用して遺伝的分化の把握を行ったところ、大まかに、西日本、中部・関東、東北、北海道という四つの地域集団に分けられ、それぞれ

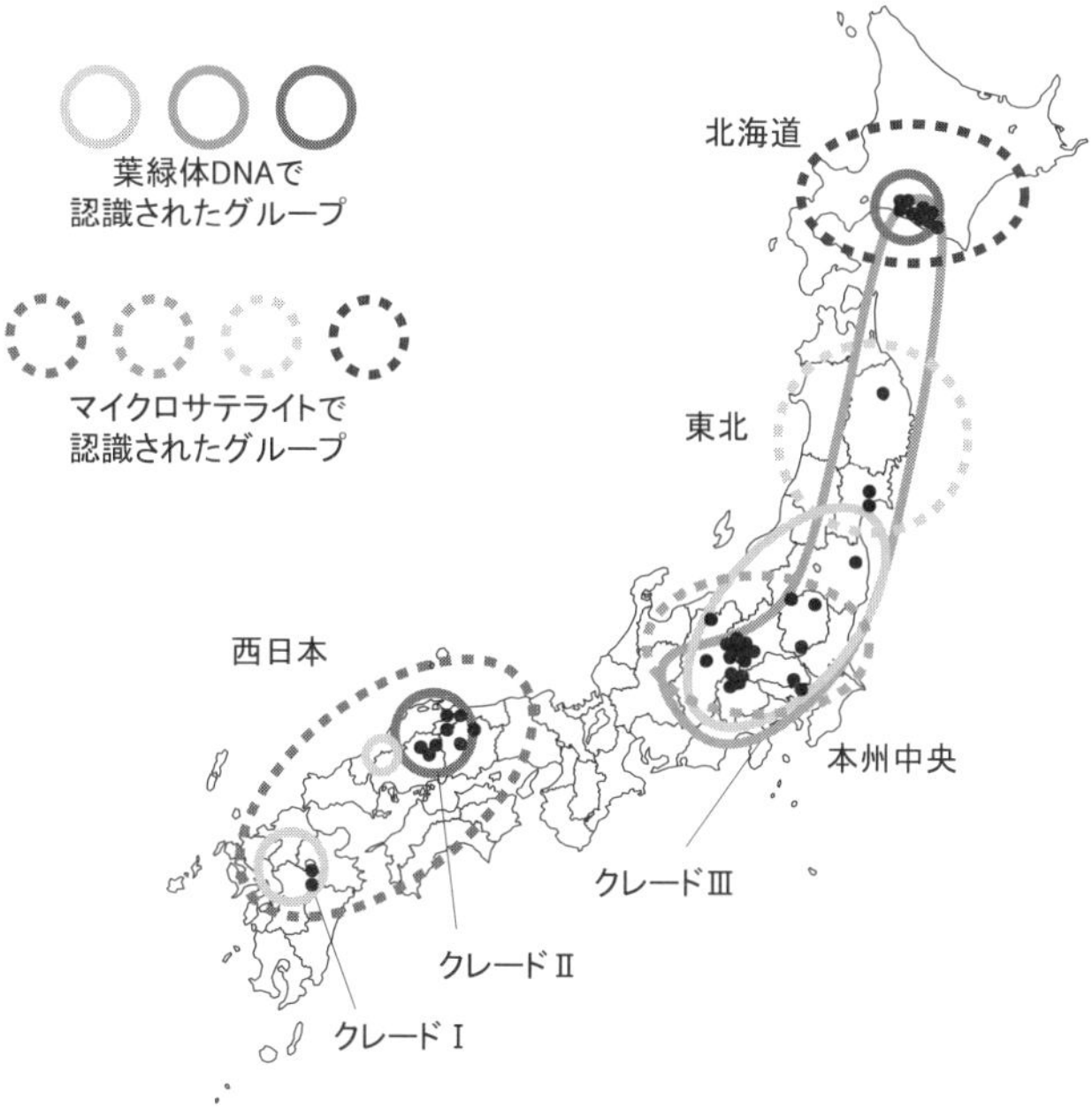

図24　日本列島におけるサクラソウの遺伝的な変異のパターン
大まかに，西日本，中部・関東，東北，北海道の4集団に分かれ，日本列島の長軸に沿った多様性の勾配が認められた．
（鷲谷ほか，2006より作図）

四つの地域内で地理的に近い集団どうしは類似性が高かった。さらに、九州と中国地方を含む西日本では遺伝的な多様性が高く、逆に北海道では多様性が低いという、日本列島の長軸に沿った多様性の勾配が認められた（図24）。これらの結果は、現在残されている日本のサクラソウが、おそらく九州・中国地方から日本列島に入り、次第に北に分布を拡大していったと考えると説明しやすい。

これらの結果から、サクラソウの保全の単位としては、西日本、中部・関東、東北、北海道といった地方それぞれの中の遺伝的に特有な個体群もしくはその集まり、とするのが適切であることがわかる。今後、サクラソウの保全・再生に関して何らかの計画を立てる場合には、このような遺伝変異のパターンに十分に配慮する必要がある。

10章　遺伝子流動からみた植物の保全

小さな個体群の遺伝的なハンディキャップ

絶滅危惧種は、残された個体群の数が限られている。それに加えて、それらの個体群が含む個体の数が少ない。そのような小さな個体群は、6章で述べたように絶滅のリスクが高い。小さな個体群が抱える遺伝的なハンディキャップの一つが、近親交配による近交弱勢である。

植物では、一般に、多くの動物とは異なり、自由に動き回ることができず花粉や種子の移動にも制約があるため、親子、きょうだいなどの近親個体が近くに集まって生育しているのではないかと考えられる。しかし、これが実際に当てはまるのかどうかを判断するためには、分子遺伝マーカーを用いた遺伝的な分析が必要である。

サクラソウでそれを証明したのは、博士論文でサクラソウの保全遺伝生態をテーマとした東京大学の石濱史子さん（現、国立環境研究所）である。北海道日高地方のカラマツ林伐採跡地の、ある程度の大きさをもつサクラソウ自生地において、地理情報システムを用いることにより、サクラソウのクローン一つ一つの位置を決めた。それらのクローンから葉を採集して、マイクロサテライトマーカーを用いて遺伝的な変異を分析した。その結果、クローンの位置が近ければ近いほど、それらのクローンは遺伝的にもよく似ていることが示された。すなわち、予想通り明瞭な

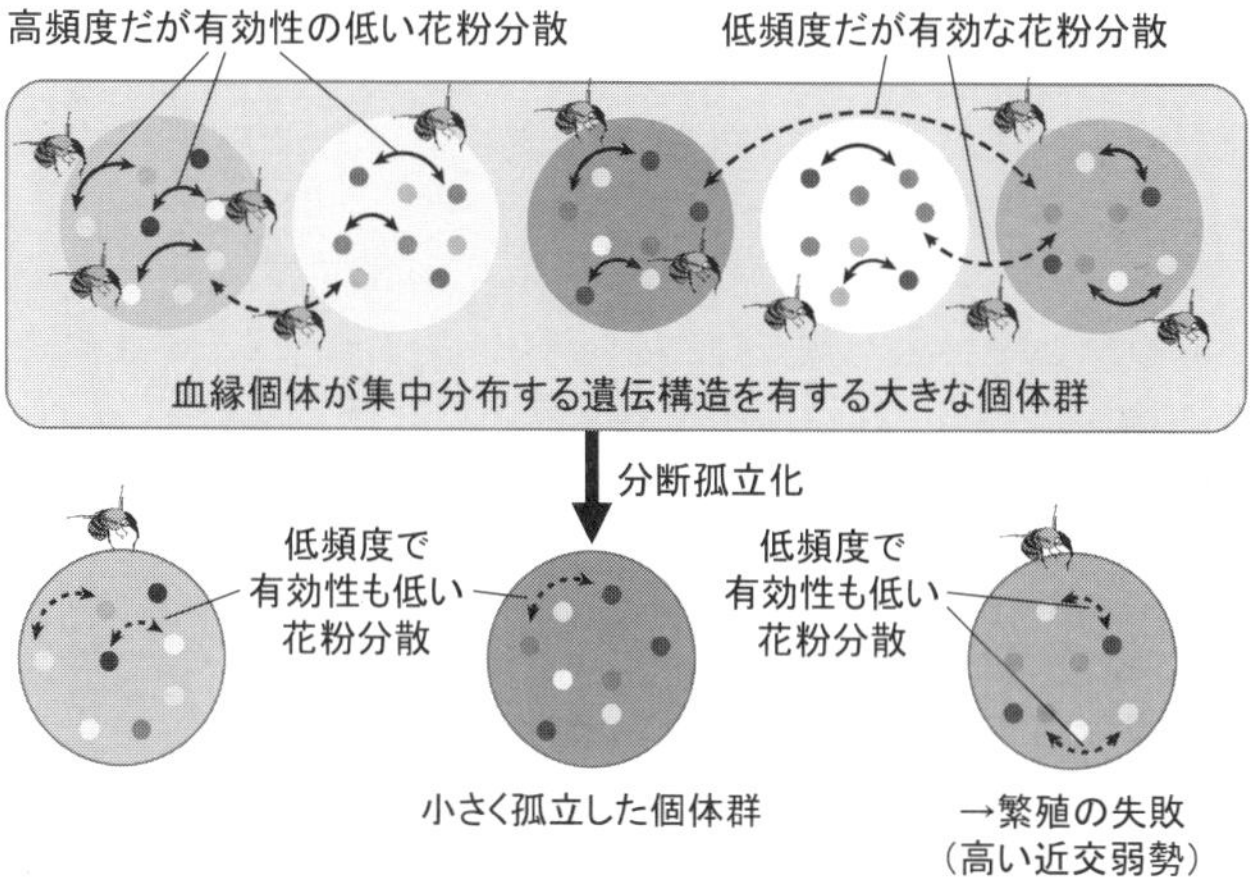

図25　近縁構造とポリネータ利用性が孤立した個体群にもたらす効果
（鷲谷ほか, 2006より作図）

近縁構造（近縁個体が集中する空間的構造）が存在することが明らかになったのである。

そのような近縁構造が発達するのは、遺伝子流動（遺伝子の動き）が花粉流動と種子流動の両方においてきわめて少ないことによる。サクラソウにおける花粉流動と種子流動の特徴は、実験個体群を用いた測定からも明らかにされた。トラマルハナバチの女王が媒介する花粉流動は、長花柱花であれば短花柱花といった異型個体の配置や密度に依存し、数メートルから十メートル程度であるのに対して、種子分散に伴う種子流動はきわめて狭い範囲に限られ、数センチ程度であることが示されたのである。

近縁個体の集中する個体群では、開発などにより生育場所の分断孤立化がもたらされて、個体群の一部分が孤立して残された場合、近親個体ばかりとなってしまう可能性が大きい。近親個体ばかりの小集団では、有性生殖に際して近親交配が大きな問題となる。近親交配は一般に近交弱勢をもたらすが、サクラソウでは近交弱勢の影響はきわめて大きい。

このように、分子遺伝マーカーを用いた研究によって、植物にとって個体群が分断孤立化することは、動物とは別の深刻な問題をもたらす可能性が明らかになったのである。動くことのできない植物は、身内の個体が集まって暮らしている。近縁個体が固まっていても、大きな個体群であれば、離れた場所にはそれほど近縁ではない個体もいる。ポリネータの活動が盛んであれば、時には遠距離の花粉流動も起こり、長い目でみた繁殖が成功する。しかし、分断孤立した小さな個体群はすべてが身内であり、ポリネータの活動が盛んでも近親交配ばかりが起こってしまい不都合だ。そのような近親交配の害、すなわち近交弱勢は、6章で述べた種子生産の段階だけに現れるわけではない。たとえ種子ができても、芽生えが定着しなかったり、成長が遅く繁殖に至る前に死んでしまえば、繁殖は結局は失敗に終わることになる。

種子の動きが遺伝子流動を支配する

種子の動きによっては、特徴のある遺伝的構造がみられることもある。サクラソウは渓流沿いに分布している場合が少なくないが、そのような場所では、種子が水流に沿って移動することも少なくないため、遺伝的構造にもそのことが反映する。

筑波大学の北本尚子さんが中心となって実施した研究では、沢に沿ってサクラソウが分布する自然の個体群において、水流による種子分散を反映すると考えられる、やや大きな空間スケールでの遺伝的構造が認められた。すなわち、マイクロサテライトマーカー（両性遺伝するので、種子流動と花粉流動の両方を反映する）を用いた結果では沢内での多様性が高く、沢間での分化が認められないのに対して、葉緑体ＤＮＡ（母性遺伝をするため種子流動だけを分析できる）を用いた場合は沢間での有意な分化が認められた。つまり、トラマルハナバチ女王の媒介する花粉流動には沢の微地形はそれほど影響しないのに対して、水による種子流動においては沢間の交流はほとんどないことを示している。

東京大学保全生態学研究室の西廣美穂さんの研究によれば、サクラソウの熟した種子が親植物体から離れる距離は数センチと短く、多くの種子は親株のまわりに落ちる。北海道の代表的なサクラソウ自生地であるカシワ林では、種子発芽に適した場所は、地表面が落ち葉などに覆われにくい樹木のまわりの微高地であり、このことも近縁個体の集中的な分布をもたらしやすい理由の一つである。

近交弱勢の遺伝的背景

身内の集中する近縁構造が発達しているサクラソウの個体群では、分断孤立化によって近交弱勢の問題が生じやすいことはすでに述べた。両性花をもつ植物は、個体が孤立すると自殖に偏った有性生殖が起こりやすい。他殖を促進する交配システムである異型花柱性のサクラソウですら、長花柱花の一部において自殖が起こり、孤立した個体群では種子生産の大部分が自殖によって行われる。近交弱勢のリスクはいっそう高まると推測される。しかし、近交弱勢が絶滅のリスクを高めるかどうかは、有害な遺伝子が個体群にどのくらい蓄積しているか、すなわち遺伝的負荷の大きさによる。

一般に、ゲノムの遺伝情報は、自己複製能をもつDNAに塩基配列の形で書き込まれている。その化学的な安定性は必ずしも十分ではなく、複製や修復（切断などの何らかの傷害を受けた場合）の際には、確率的に情報伝達上の誤り、すなわち突然変異を生じる。突然変異は、DNAに傷害をもたらす作用のある紫外線、放射線、ある種の化学物質などの影響のもとで頻度が増す。

これらの突然変異の多くは、機能上の効果をもたない変異である。したがって、自然淘汰を受けることもなく、自然淘汰から「中立」なものである。それら中立的な変異は、DNA塩基配列の中でも遺伝子の発現に関与しない非コード域の変異、タンパク質のコード域にあっても遺伝子暗号の冗長性（異なる暗号が同じアミノ酸と対応する）によってアミノ酸の変化をもたらさない変異、アミノ酸が変化してもタンパク質の高次構造（立体構造）には影響をもたらさない変異などである。中立的な変異は自然淘汰で排除されることがないため、ゲノムに蓄積していく。それらはマイクロサテライトマーカーなど、分子遺伝マーカーとして役立てることができる。

しかし、時には野生型の遺伝子が司っていた機能の喪失や低下、あるいは改変をもたらす突然変異も起こる。それは、遺伝子の発現に関与するコード域における変異であり、遺伝子が発現するとタンパク質の高次構造の変化につながる変化である。その多くは、適応度を低下させる「有害」な突然変異である。有害というのは、発現すれば生存力や繁殖力、すなわち適応度を低下させるという意味である。有害の程度が機能低下や軽微なものであれば「弱有害」、著しい効果がもたらされれば「致死」の突然変異である。

4章でも述べたが、遺伝子の化学的な不安定性に対して、その悪影響を回避するための適応として、もっとも一般的なのは倍数性（相同な染色体を二本以上もつこと）である。同じ遺伝座の遺伝子が二つ（以上）あれば、たとえ、その一方が機能を失ったとしても、もう一方の対立遺伝子が機能を担うことができる。突然変異は確率的に起こるため、相同染色体上の同じ遺伝子座がいずれも突然変異で機能を損なわれることは、きわめて希である。例えば、突然変異の率が10^{-7}程度であったとして、同じ遺伝子座の二つの対立遺伝子がいずれも突然変異を起こす確率は10^{-14}という事実上無視してよい確率である。

野生型対立遺伝子とヘテロ接合していれば、有害な効果が生じない「劣性の」突然変異については、自然淘汰による除去効果が作用しないため、有害遺伝子が時間と共に染色体全体に蓄積していくことになる。したがって、ゲノムにはいろいろな程度に有害な突然変異遺伝子が蓄積していくことになり、それが潜在的な遺伝的負荷となる。

そのような遺伝的な負荷がいかに大きくとも、機能上の問題はない。しかし、近親交配が起こると、そのような遺伝的な負荷が顕在化する。近親交配やその極端なケースともいえる自殖では、同一の祖先から受け継いだ有害な突然変異遺伝子がホモ接合となる確率が高い。そのため、隠されていた有害遺伝子が発現する。それが近交弱勢、すなわち、近親交配の子孫の適応度の低下の主要な原因である。その有害性、すなわち、機能不全が深刻なものであればホモ接合の個体は誕生前に除去され、遺伝解析によってそれは致死遺伝子として認識される。他方、その効果がそれほど大きくなく、誕生後の生活史のさまざまな段階に現れる場合には、弱有害遺伝子として認識される。

突然変異の可能性を高める紫外線、放射線、化学物質など、変異原性をもつ環境要素がさまざまな人間活動の結果として著しく増大しつつある現在、突然変異による有害遺伝子の蓄積速度が増し、それにともなって近交弱勢などの遺伝的な障害が生じやすくなっていることが推測される。それは遺伝生態学における重要な研究テーマであるはずなのだが、これまでほとんど研究が行われていない。

近交弱勢を測定して遺伝的負荷を知る

植物の個体群がどの程度遺伝的な負荷をもっており、分断孤立化によって顕在化する可能性があるかどうかは、人工授粉で自殖をさせ、近交弱勢を測定することで定量的に評価できる。サクラソウは、長花柱花の一部に自殖能のあるものが含まれていることはすでに述べた。それらは、自家花粉だけを受粉すれば自殖をし、他家花粉を受粉すれば他殖をする。自殖と他殖の子孫の生存率や成長、繁殖など生活史段階ごとに、その成功の度合いを比較すればよい。

東京大学保全生態学研究室の永井美穂子さんが、自殖によって生産された種子の成熟、発芽、実生の定着、成長、開花に至るまでの生活史段階について他殖の子孫と比較したところ、繁殖期に至るまでの累積的な近交弱勢は、〇・九五を超える大きな値であることが明らかにされた（近交弱勢の値は〇～一で、一に近いほど近親交配ではない交配の子孫に比べて適応度の低下の度合いが大きい)。クローンが相当長生きのサクラソウには、相当の遺伝的な負荷が認められる。この近交弱勢の問題を回避するためには、他殖のための繁殖システムが重要な手段であることが示唆された。

このように遺伝的負荷が大きく、しかも、近親個体が集中する近縁構造が発達しやすいサクラソウ個体群にとって、昨今の生育場所の分断孤立化は厳しい試練を課しつつあるとみなければならない。すでに紹介した全国の数多くのサクラソウ個体群についてマイクロサテライトマーカーを用いて遺伝的な特性を調べた研究からは、少数のクローンしか残されていないサクラソウ個体群では、決まって分子遺伝マーカーのヘテロ接合度が高いことが見いだされた。このことは、個体群が孤立化する過程で、ゲノム全体にわたってホモ接合的な個体は近交弱勢のため生き残ることができず、近交弱勢の影響を免れているヘテロ接合的な個体だけが最後に残されることを意味しているのだろう。そのような個体は、個体群が大きくポリネータのサービスが十分に得られた頃の健全な繁殖の結果であるともいえ、個体群の再生のための重要な資源となりうるものである。また、そのようなヘテロ接合度の高い子孫が産み出されるような健全な繁殖を回復させることは、個体群の保全・再生の一つの目標になるだろう。

　このように、遺伝的な研究を通じて明らかになったことは、異型花柱性にふさわしい他殖に十分なポリネータの活動と個体数を保障することが、健康な子孫を残し、絶滅を回避するためにもっとも重視しなければならないということである。

11章　なぜ生物多様性を守るのか

ヒトが進化しなかったとしたら

前章までに記したサクラソウの研究は、花の進化についての理解を深めるための研究であると同時に、サクラソウをモデルとした生物多様性を守るための研究、つまり、サクラソウの保全生態学の研究でもあった。この章では、改めて、「生物多様性を守る」ということを明確な目標として掲げる「保全生態学」を紹介してみよう。

生物多様性とは何かということは、また後で取り上げることにして、まず、その保全が人類にとってどのような意味をもつのか、つまり生物多様性を守りながら生態系に必要な管理を施したり、再生に取り組むことが、現在の人類にとってどれほど重要なのかについて述べてみよう。

そのためには、環境にきわめて大きな作用を及ぼすようになった人類が地域生態系から地球生態系に至るまで、生態系を大きく改変したことが何をもたらしているかを考えなければならない。

人類による環境改変がどれほど大きなものなのかを直感的にイメージするためには、もしヒトが進化しなかったとしたら、今の地球がどのような姿となっていたか想像してみるのがよさそうだ。ヒトの干渉のない地球像を想像することは、誰にとってもそれほど難しいことではないだろう。ヒトが地球に与えた影響は、あまりにも明白なものだからである。人類の歴史を遡り、ヒトが地球に刻みつけた足跡のすべてを消し、そして再び現代にまで時を進める壮大なシミュレーションを試みてみよう。

今の地球に広がる草原や砂漠は、過去の農耕や放牧の結果として森林に置き換わってできたものが少なくない。だから、シミュレーションで得られる仮想現実の地球においては、草原や砂漠が陸地の面積に占める割合は、今の実際の地球に比べればずっと小さいはずである。もちろん、現在では、陸地面積の半分ほどを占める耕地、放牧地、都市などが存在しないことはいうまでもない。高緯度や高標高で寒冷な気候の場所、地下水位が高く水が停滞する場所や降水量が少ない乾燥地を除き、陸地の大部分は森林でおおわれているだろう。

川はいずれも、広い氾濫原を大きな弧を描きながら蛇行して流れている。氾濫原のなかには、沼沢地や湿地や河畔林があちらこちらに点在している。そして、川の水も、湖の水も、もちろん海の水も、現実の水とは比べものにならないほど清浄で透明度が高い。空はあくまでも澄み切っており、火山の爆発で生じた塵が漂う以外には汚れというものがない。

二酸化炭素の濃度は今よりも一〇〇ｐｐｍほど低く、オゾン層が切れ目なく成層圏をおおっている。陸地には夥しい数の鳥や獣の姿、海にも広く濃く魚影がみえる。動植物のなかには、今の地球では目にすることのできない種類も多い。そのなかには、大英博物館に剥製が残されているだけのドードーや、今世紀初頭に絶滅したニホンオオカミやエゾオオカミなども含まれている。海洋に浮かぶ島々には、それぞれ独自の進化を遂げた固有な動植物が、侵入捕食者や食害者におびえることもなく、それぞれののどかな暮らしを享受している。

しかし、現時点での実際の地球は、そんな想像上の地球とは大きく異なるものに変わっている。それは、二〇万年ほど前にこの出現した人類の一種である学名ホモ・サピエンス、和名ヒトが現在ではこの地球上で圧倒的に優占し、さまざまな資源を独占し、環境を著しく改変したからである。ヒトの個体数、つまり人口は、旧石器時代の終わり頃には五〇〇～六〇〇万ぐらいであったと推定されている。それが農耕が広まった紀元前一〇〇〇年頃までには一億五〇〇〇万に増え、さらに産業革命前の一七世紀中頃には五億に達し、今日では六十億を超えた。

水圏、気圏などとともに、地球の表面を構成する生物圏へのヒトの干渉は、人類史における狩猟・採集時代にすでに始まっていたものと思われる。それは農耕・牧畜の発達とともに飛躍的に強まり、さらに時代が下るにつれて、科学技術と経済活動の発展と歩調を合わせて、その作用も強まった。ヒト一人当たりが環境に及ぼす作用も人口増加以上に増加した。

全地球的な工業化が進むと、その作用はいっそう強まった。最近数十年の間のヒトによる生物圏の改変は、おそらく過去数千年、あるいは一万年間の人為的干渉の総体を大きく上回るすさまじさであり、地球環境を全体として大きく変化・変質させた。そして、人間活動の影響は地球のすみずみにまで及んでいる。

今では地球の環境はあまりにも大きく変えられてしまったので、たとえ、ここで人類が奇妙な疫病の大流行、核兵器や原子力利用に伴う事故によって絶滅、あるいはそれに近い状態になったとしても、地球の自然が元の姿に戻ることはとても期待できない。地球環境問題に関心を寄せる生態学の研究者はこのように考えている。現在の地球の環境は、本来の環境がもつ自己修復機能が及ばない範囲にまでに、大きく変化させられてしまっているからである。今後は、人類が積極的に管理したり、生態系の再生に取り組むことなしに、健全な地球環境を維持することは難しそうなのである。

ヒトによる地球環境の改変

地球生態系におけるヒトの圧倒的優占と、それによる地球環境の改変という事実を、できるだけ客観的に眺めるために、いくつかの指標でヒトによる環境改変の大きさを示してみよう。それは、図26に示したグラフのようになる。

まずヒトは、陸上では農地や市街地、工業用地をつくるために、森林を伐採したり湿原を干拓

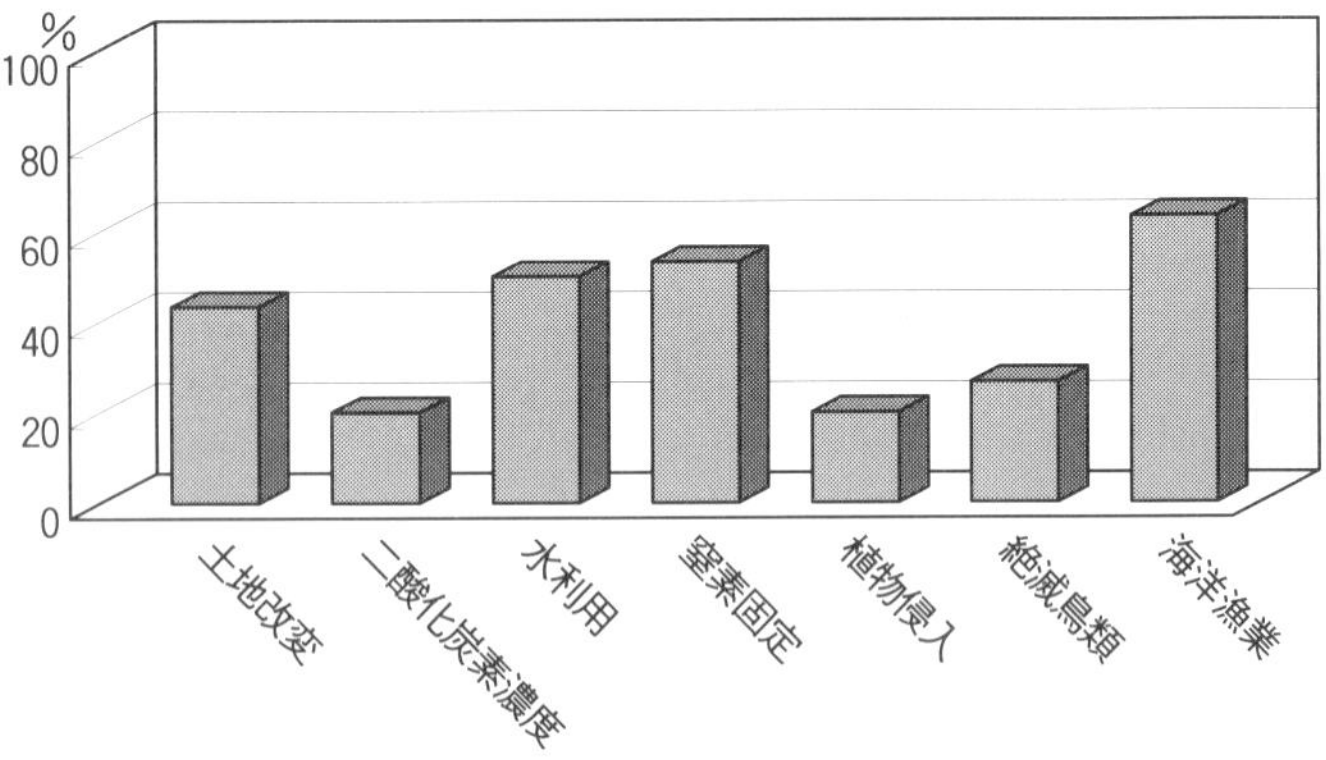

図26　ヒトによる地球環境の改変（Vitouseck *et al*., 1997より改図）
ヒトによって増加あるいは減少させられている割合を示す.

し、各所で土地の状態を大きく変化させてきた。これまでにヒトが直接手を入れて改変した土地は全陸地面積の半分ほどに及ぶ。見積もりの仕方で多少数字は異なるが、農地や市街地になっている土地は陸地の一〇〜一五%、放牧地面積は六〜八%、さらに植林地やその他人為の影響を受ける面積も加えると、陸地面積の三九〜五〇%が直接ヒトの手で改変された土地であるという計算になる。

もちろん、直接の改変を受けていない土地がヒトの影響を免れているわけではなく、地球上における水や大気の循環を通じて、汚染をはじめとするさまざまな人為の影響を強く受けている。さらに、あらゆる形の間接的な影響を含めれば、地球上にはもはや人為の影響を受けていない土地は存在しないといわなければならない。

温暖化との関連でその濃度が盛んに論議されている二酸化炭素については、あらゆる生物の呼吸など、自然の作用でも生成するが、年間のすべての放出量のうちの二〇％は人間活動によるものであると推算されている。燃料の燃焼やセメント工業による放出や、森林伐採などに伴うものである。

水、それも真水は、すべての生命にとって本質的に重要な資源である。生き物の体の大部分は水でできているからである。地表を川となって流れて海に注ぐ水、すなわち生物にとってなくてはならない真水、その半分を現在ではヒトが利用している。つまり、ヒトが全く手をつけることなく海へと流れる水は、広大な大陸のすみずみから川へと集まり、やがて海へと注ぐ水の半分にすぎない。ヒトが手をつける水の七〇％程度は農業用水として利用され、残りは工業用水や生活用水として利用される。そのため、河川の人為的な改変はすさまじいものとなっている。多くの川が人工的に流れを変えられ、大きなダムがたくさんつくられている。

それらのダムは水の利用や水害の防止という利益だけでなく、流域全体に及ぶ広範な環境の破壊という不利益をもたらしてきた。最初に大きなダムをつくり始めたアメリカ合衆国では、最近ではその環境への悪影響のほうをむしろ重くみて、今後は大規模なダムをつくらないという方針を固めた。それだけではなく、環境への悪影響が大きいとみなされるダムについては、それを取り除くことが検討され、また実行に移されつつある。

しかし、陸の水のかなりの部分を、ヒトが産業や生活のために利用し続けなければならないことには変わりはない。六五億の人口への食料供給を支える農業には、どうしても大量の水が必要だからである。

作物を育てるためには、水のほかに大量の肥料が必要とされる。炭素、水素、酸素とともに生物の体の主要な成分元素となっている窒素は、リンやカリウムとともに肥料の主要な成分の一つである。空気のほとんどが窒素ガスでできているにもかかわらず、それを生物が利用しやすい硝酸塩やアンモニウム塩に固定することができる生物は限られている。藍藻《らんそう》や細菌などによる窒素固定と、雷などによる無生物的な硝酸生成など、限られていた生物界への窒素供給のルートは、今ではヒトによって大幅に拡張されている。

それは、肥料をつくるための工業的な空気中窒素の大量固定である。窒素を水素と結合させてアンモニアをつくるハーバー法による工業的窒素固定量は、今や地球上での窒素固定量の半分を超えるまでになっているのだ。

肥料が直接まかれるのは農地であるが、それは、農地から生物体や水の動きとともに拡散していく。そのため、農地に限らず、海をも含めて地球全体が次第に富栄養化しつつある。それに伴い、貧栄養に適応した生物の生育条件が失われるという問題も起こってきた。それと引き換えに、畑の雑草となるような競争力の強い好窒素植物が、至るところで繁茂するようになった。水域では植物プランクトンが異常増殖して生態系を大きく変える。窒素酸化物が原因の酸性雨も、地域によってはたいへん深刻な問題を引き起こしている。

現代になって、ヒトが原因の生物学的侵入、すなわち、それまでその場所や生態系にはみられなかった生物が入り込んできて野生化する機会が著しく増えている。ごく最近まで他とは隔絶されていたような地域にまで、生物学的侵入がもたらされるようになった。

植物についてみると、海洋に浮かぶ島々では、今やそのフロラ（植物相）の半分以上が侵入種で占められている。生物学的侵入に関しては比較的抵抗性の大きいはずの大陸においても、侵入植物がそれぞれの地域のフロラに占める割合は、平均して二〇％にもなる。侵入植物の多くが、世界の至るところに侵入していくコスモポリタン（汎生種）である。だから、国や大陸が違っても、市街地や耕地や空き地では、同じような植物が同じような景色をつくっている。

ヒトの影響による生物の絶滅の危険の高まりはいっそう深まりつつある。人類が出現してから、地球に生息する鳥類の四分の一をすでに絶滅させてしまった。そしてさらに、残されている現存の鳥類の一一％、ほ乳類の二四％、両生類の二五％が絶滅の危機にさらされている。これらの例からは、自然に起こる絶滅、つまり、人為のかかわらないバックグラウンドの絶滅の一〇〇倍から一〇〇〇倍といった速度で起こっていることが推測される。

漁業は、必ずしも持続的な海洋資源の利用に成功しているとはいえず、漁業資源のうち、二三%の魚種はすでに過剰利用によって衰退しており、四四%についてはもう一歩で過剰利用というところまで来ているとされる。そして、トロール漁業など技術の高度化にもかかわらず、漁獲高は減少し続けている。

かつて地球の環境中には全く存在しなかったので、このグラフには表せないような影響も重大である。天然には存在せず、ヒトによって新たに合成された化学物質が引き起こすさまざまな問題がある。自然には全く存在しない化合物を、人類は、化学工業により毎年七万種類以上、これまでの累積合計では一億種類以上つくり出して環境に放出してきた。そして、毎年一〇〇〇種類の新たな化学物質がそれに加わる。あの忌まわしい事件の主役となったサリンも、オゾン層にきわめて大きな影響を与えつつあるフロン類も、そのような物質である。

かつて広範に使用されたＤＤＴやＰＣＢ類は、生物に強い毒性のある合成化学物質の代表といえるであろう。それらは使用された場所だけでなく、空気や水や生物体を通じた物質の流れに乗って至るところに運ばれる。そのなかには、食物連鎖を通じて濃縮されたり、生物体を経由する物質循環に伴い、消滅することなく循環し続けるものもある。拡散により地球のすみずみまでが汚染されていることは、北極のアザラシからでさえPCBが検出されることに象徴されている。最近では、毒性が選択的で自然界で分解されやすい農薬など、環境への負担の小さい化学物質が開発されるようになった。しかし、いったん過去に環境に放出された安定な化合物は、放置すればいつまでも消えることなく環境中にとどまっている。

また、環境ホルモンとよばれるホルモン作用のある化合物が、動物の繁殖に与える深刻な影響が明らかにされてきた。

人類の幸せに欠かせない「生態系サービス」で地球環境を評価する

人類がいかに大きく地球の生態系を改変しているか、また、それがなぜ問題なのかを人類の共通理解とするために、国連が実施したのがミレニアム生態系評価である。この環境アセスメントには、世界資源研究所、国連開発計画、国連環境計画、世界銀行などの国際機関、世界の九五カ国の国々、および一三六〇名の専門家が参加した。二〇〇五年には、「理事会声明」(http://www.millenniumassessment.org/proxy/document.429.aspx）ほかいくつかの報告書が公表されている。

アセスメントでは、二〇世紀後半以降、急速に進行した地球規模、地域規模での生態系の変化が、人間の生活と幸福の現状、そして将来にどのような影響をもたらすものなのかを具体的に明らかにすることがめざされた。そのために用いられた評価項目が、各種の「生態系サービス」である。生態系がそのさまざまな機能を通じて人間に提供している物質的、経済的、社会的、精神的なあらゆるサービスを意味する。生態系サービスは、人間が生態系から受ける恩恵、あるいは利益でもある。それらは、食料、水、材木、繊維、遺伝子資源などの「資源の供給サービス」、気候、洪水、水質、病気などの制御にかかわる「調節的サービス」、レクリエーション、美的な楽しみ、精神的充足などにかかわる「文化的サービス」、そしてそれら全体を支える基盤的な生態系機能である土壌形成・維持、受粉、栄養循環などの「維持的サービス」に分類できる。なお、生態系サービスは生態系における多様な生物のバランスのとれた連携プレーによって提供されており、また、受粉サービスは、野生の植物がその個体群を維持していくうえでなくてはならないものであるというように、生物多様性は、生態系サービスの源泉であるとともに、それに依存しており、それゆえ、生態系の健全性の指標でもある。

ミレニアム生態系評価が明らかにした環境危機

ミレニアム生態系評価は、食料生産など一部の生態系サービスの利用強化にともなって多くの生態系サービスの急速な劣化が進行しつつあることを明らかにした。人為的に改変されて食料生産に利用されている土地の面積の増加は著しく、今では陸上の全土地面積の二五%を超えるまでになっている。このような改変は、さまざまなサービスの低下をもたらしている。増産のための窒素など肥料の多投入は、水質の著しい悪化をもたらしている。

大量の栄養の投入がもたらす環境負荷としてもっとも深刻なものは、水草や海草・海藻など大型植物から植物プランクトンへの一次生産者の交代がもたらす、生態系の不可逆的な変質である。異常繁殖したプランクトンの死骸の分解に酸素が消費され尽くして湖や沿海には死の水域ともいえる低酸素水域が発達し、多くの生態系サービスが失われる。

乱獲と海の環境変化による漁獲量の減少は、貧しい地域から貴重なタンパク質源を奪う結果となっている。湿地の消失と汚染は、清浄な水を供給する機能を低下させ、人間の健康や漁業に悪影響を与えている。大規模な森林など植被の消失によって、降水量が減少している地域がある。種子植物の繁殖に必要なポリネータとなる昆虫や鳥などが減少による受粉サービスの低下は、作

COLUMN

ミレニアム生態系評価から，数字で把握できる「改変」のいくつか

過去40年間（1960～2000年）に，農業での灌漑や家庭用，工業用に河川や湖沼から取水される水は２倍に増加．ダムの建設などによる貯水量（自然湖沼は除く）は４倍になり，ダムに貯められている水は川の自然の水量の３～６倍．地域によっては，地表を流れる水の40～50％が人間に利用されている．

1950年からの30年間に農地に変換された土地の面積は，1700年から1850年までの150年間に農地に変換された土地よりも，広大である．休耕地も含めて耕作に利用されている土地を合計すると，実に陸地面積の４分の１にものぼる．

20世紀の後半に世界の珊瑚礁の20％が失われ，加えて20％の劣化が著しい．また，同じ時期にマングローブ林は35％が失われた．

1960年以降，工業的な窒素固定により生物が利用可能な窒素が２倍になった．1960年から1990年の間に，リン肥料の使用量と農地への蓄積量はほぼ３倍になった．地球は急速に富栄養化しつつある．

海洋漁業の対象となる魚種のうち４分の１については，すでに乱獲による資源崩壊がもたらされた．そのため，1980年代まで増加していた漁獲量が現在では急速に減少しつつある．

物や野生植物の結実率を低下させ、間接的にさまざまな影響を与えつつある。森林や湿地の消失は、自然の遊水池機能を失わせ、洪水などの災害の危険を増加させている。マングローブ林がエビの養殖地に替えられたことで、地域社会が蒙る津波や台風の影響が甚大になったことなどである。

気候調整サービスは、大気環境の大きな変化によって十分に機能しなくなり、地球は異常気象の頻発する変動の時

代にすでに突入した。さらに、豊かな自然との触れ合いが私たちに与えてくれる感動、癒し、インスピレーションなど、精神的なサービスの低下も著しい。

ミレニアム生態系評価では、過去五十年間の人間活動は、生物多様性に大規模で不可逆的な人為的変化と生態系サービスの深刻な低下をもたらし、一部の地域や人々にはそれが主な原因となって、いっそうの貧困化を招いたとの結論が導かれた。

生物多様性は地球環境のバロメータ

これら人類による地球環境の改変は、一つ一つが独立した別の問題なのではない。それは、互いに影響を及ぼし合いながら、その因果関係は複雑に絡み合っている。影響が他の影響と強め合って、予想をはるかに超える被害が広がることもある。それらを大胆に単純化し、考えられる影響の方向だけを矢印で示してみると図27のようになる。

さて、図27に示した影響の連鎖を矢印をつないでたどっていくと、最後には「気候変化」と「生物多様性の喪失」とにたどり着く。つまり生物多様性は、地球温暖化などの気候変動とともに、地球環境問題という名のあらゆる問題、複雑で広範な全地球的な環境変化を最終的に反映し、そのバロメータとなるのである。それは、生物が地球上のさまざまな場所に生息・生育しており、

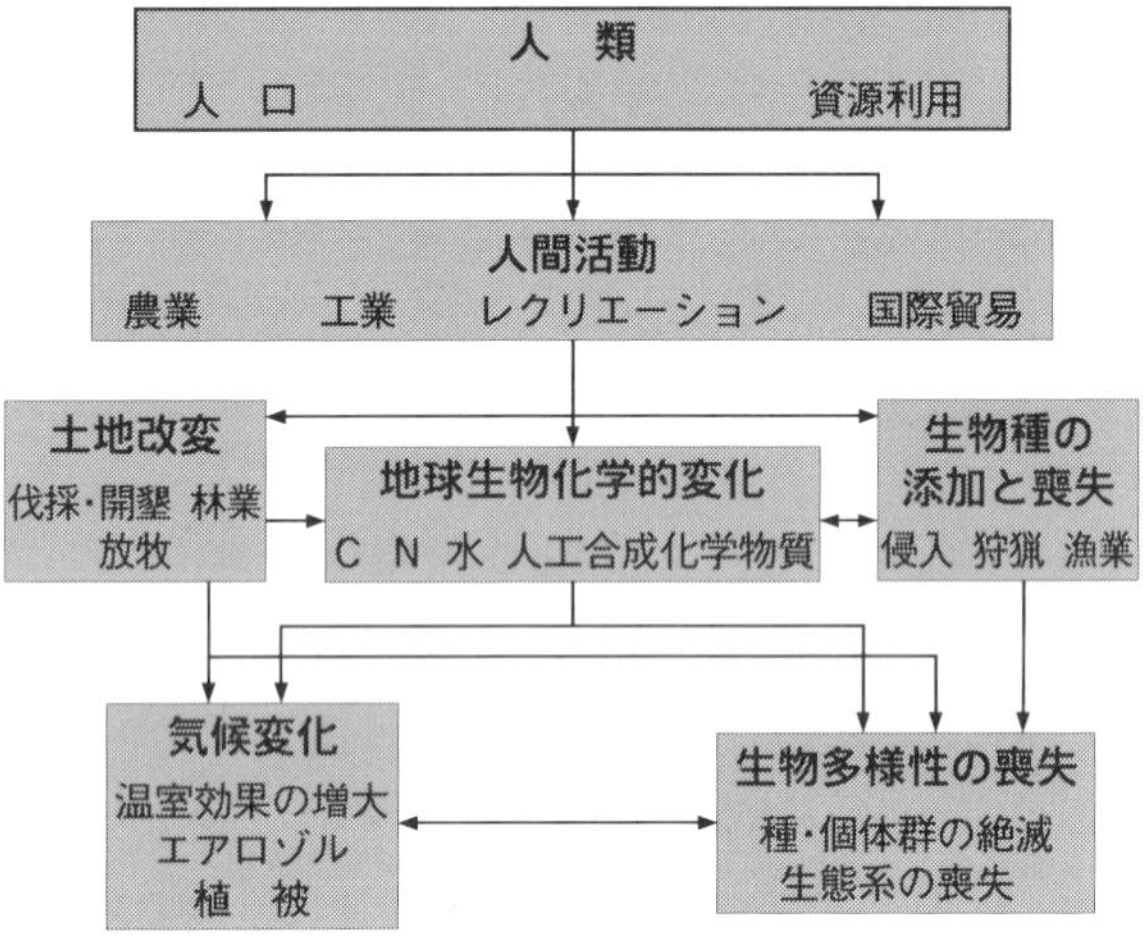

図27　地球環境問題の相関

すべての生物の生存と繁殖は、環境の影響を強く受けているからである。

生物多様性の急速な衰退は、地球環境全体がとても危ういものになっていることを示している。逆に、私たちが的確な現状分析と適切な対策によって環境問題に対処し、生物多様性の現状を維持することができれば、地球あるいは地域生態系はそれほど大きな破綻を来さなくてすみそうである。

地球環境の悪化のなかでも、とりわけ変化が不可逆的で、ある限界を超えると回復困難であるのも生物多様性である。物理的な環境の悪化は、少なくとも原理的には回復・修復が可能である。例えば、二酸化炭素の排出量を強く規制する、有害な物質を以後環境に拡散することのないようにしてからハイテク技術で回収する、というようなことは原理的には不可能なことではない。

しかし、種の絶滅のような生物多様性の変化は、決して回復させることができない。それは、種一つ一つがかけがえのない「歴史的な存在」であり、失われれば永遠に取り戻すことができないものだからである。高度に進んだバイオテクノロジーによって絶滅した種をよみがえらせることができると考えるとしたら、それは、生物を単なる機械としてみるところから来る誤解である。前章までに述べたことを理解していただければ、なぜ、「誤解」というのか、その意味を納得していただけるのではないだろうか。

どのように生態系を管理・再生すればよいのか

人類が相互の関連にあまり目を向けずに個別の生態系サービスを利用してきたこと、あるサービスを産み出す機能だけを強化しようとしたことが、地球および地域の環境の悪化、すなわち、私たちがその生活と生産に必要としているさまざまな生態系サービスの急速な低下をもたらしつつあるということを「ミレニアム生態系評価」は明確に示している。生態系に対するはたらきかけ方、生態系サービスの利用の仕方を根本から変えなければ、「人類の末永き幸せ」を保障することはできない。

私たちのなすべきこととは、次のように整理することができるであろう。

①経済活動や人間生活を環境への負荷の小さいものとする。そのためには、大量生産・大量消費・大量廃棄によって成り立っている今の経済・社会システムを早急に改めなければならない。地球の環境容量を十分に見定め、それに合ったシステムを構築する必要がある。

②生態系にどのような影響が及んで、何がどのように変化しつつあるのか、絶えざるモニタリングを行わなければならない。複雑に絡まり合った因果関係のなかで、予想もしなかったようなことが起こるかもしれないので、環境のどこに、どんなほころびが生じているかを常にしっかり把握できるようにする。また、それに基づいて適切な対策を立てる。

③種個体群から生態系まで、現状を維持するだけでも適切な管理が必要な状況になっている。また、劣化した生態系の再生が重要な課題となっている。それは、私たちが必要とする生態系サービスを持続的に確保するためである。その際、生態系サービス間のバランスに配慮する必要がある。

①は地球環境の問題が深刻化した現在では、少なくとも理念のうえでは社会に広く支持される考え方になってきた。環境に負荷をかけない経済活動のための新たな概念や規制、基準なども次々に提案されている。もちろん南北問題など、難しい問題も少なくはないが、それについても問

題そのものははっきりと認識されつつある。

しかし、②と③については、その必要性が十分に社会に理解されているとはいえない。また、②と③では、生物多様性が重要な役割を果たす。モニタリングにおいては生物多様性やその要素、例えば「サクラソウの種子生産」などが指標として役立つし、生物多様性が保たれるようにすれば、生態系サービス間のバランスもとれる。

さて、地球生態系をどのように管理するかといえば、それは大きな気候の変化が起こらないように、また、生物多様性を保つことができるように管理する、ということが当面の目標となる。生物多様性は、地域においても地球生態系においても、モニタリングや管理において、重要な指標となる。

生物多様性とは何か

地球環境問題の一つとして種の絶滅の問題が取り上げられるとき、生物多様性という言葉が使われる。それはなぜであろうか？

生物多様性という言葉は、地球サミット（環境と開発に関する国際会議、リオデジャネイロ、一九九二年六月）において一躍脚光を浴び、今では社会で広く通用する言葉になっている。

英語で生物多様性を意味するバイオダイバーシティ――バイオ（生物）＋ダイバーシティ（多様性）――という造語がはじめて使われたのは、ウィルソンとピーターが一九八八年に出版した本の表題としてである。それは、種の絶滅の問題を深く憂慮する研究者が、この問題への社会的な関心を喚起するためにつくった言葉である。この言葉は、アカデミックな意味での市民権を獲得する前に国際条約のタイトルとなり、社会に一般に通用する言葉となった。それは、この言葉を用いて研究者が広く提起しようとした問題がそれだけ重大であったこと、使い古された言葉ではなく耳新しいこの言葉が、その危機の鮮明なイメージを伝えるのに役立ったからであろう。

生物多様性は、ヒトの強い干渉のもとで野生生物全般が置かれた危機的な現状を憂える研究者が、それを科学的に認識するため、またその危機を社会に訴えるために、今ではなくてはならない用語となっている。

生物多様性という言葉の誕生の少し前に、この用語を最も中心的な概念とする研究分野が生物学のなかから生まれた。「生物多様性の保全」という明確な目標のもとに、生物の絶滅や存続に関しての研究を展開する「保全生物学」である。それは生物学に一つの新しいパラダイムが生まれたというだけでなく、自然とヒトとのかかわり方に関して新しい思想が広まったことをも意味する。生物多様性という言葉にも、後で述べるようにその思想が込められているのである。

新しいパラダイムの誕生

保全生物学は、アカデミックな一種の運動でもある。生物多様性の衰退は人類の将来を真剣に考える人々すべてに深い危機感を抱かせるものだが、生物学のなかでも生態学や分類学など野生生物を研究対象とする研究者にとっては、それは特に重大な意味をもつ。どのような研究分野の研究者にとっても、研究対象の喪失は耐え難いものである。それに加えて研究者は、感覚的にだけではなく、データとその客観的な分析によって問題の本質や実態を科学的に認識することもできる。知と情の両方で深くこの問題をとらえることができるのが、この分野の研究者であるともいえる。

保全生物学は、生物を利用するための学問ではなく、生物を守るための学問であるという意味で、生物学のなかでは異色の存在である。また、強い使命感に支えられていること自体が、生物学の他の分野では決してみられない特徴だ。

保全生物学の先駆者の一人ミッチェル・ソーレーによる「保全生物学者になるということは生命を守るために力を尽くすことを誓うことにほかならない」という言葉や、日本でもよく知られているウィルソンが、一連の著作のなかで、「保全生物学は生命に対する深い愛情（バイオフィリア、生命愛）に根ざしており、それは明らかに倫理的な価値観である」と述べていることなどに、その心証がよく表われている。

保全生物学は、「現代生物学のあらゆる経験・技術を駆使してこの問題の解決に寄与することをめざす」という目標のもとに研究活動を展開する。そして、この使命の科学の核をなすともいえるのが、保全のための生態学、すなわち「保全生態学」である。生物多様性の重要な要素である動植物の種と個体群の保全のためには、何よりもまず、生育場所と生育環境が確保されなければならない。そのため、生物多様性の保全という目標のもとに、生物と環境の関係を広く分析する分野、保全生態学が果たすべき役割はきわめて大きい。

階層性を含む生物多様性の概念

生物多様性は、遺伝子から景観までのいくつもの生物学的階層にわたる多様性概念である（図28）。種多様性という用語の含む内容よりもずっと広く、しかも深い意味をもつ用語である。生物多様性の低下とは、いくつもの生物学的な階層にわたる多様な現象に表れる生物界の全般的な貧困化のことである。それは今、私たちの身のまわりの二次的な自然から、熱帯雨林のような原生的な自然まで、至るところで、広くしかも深く進行しつつある。種の絶滅は、その最も顕著な表

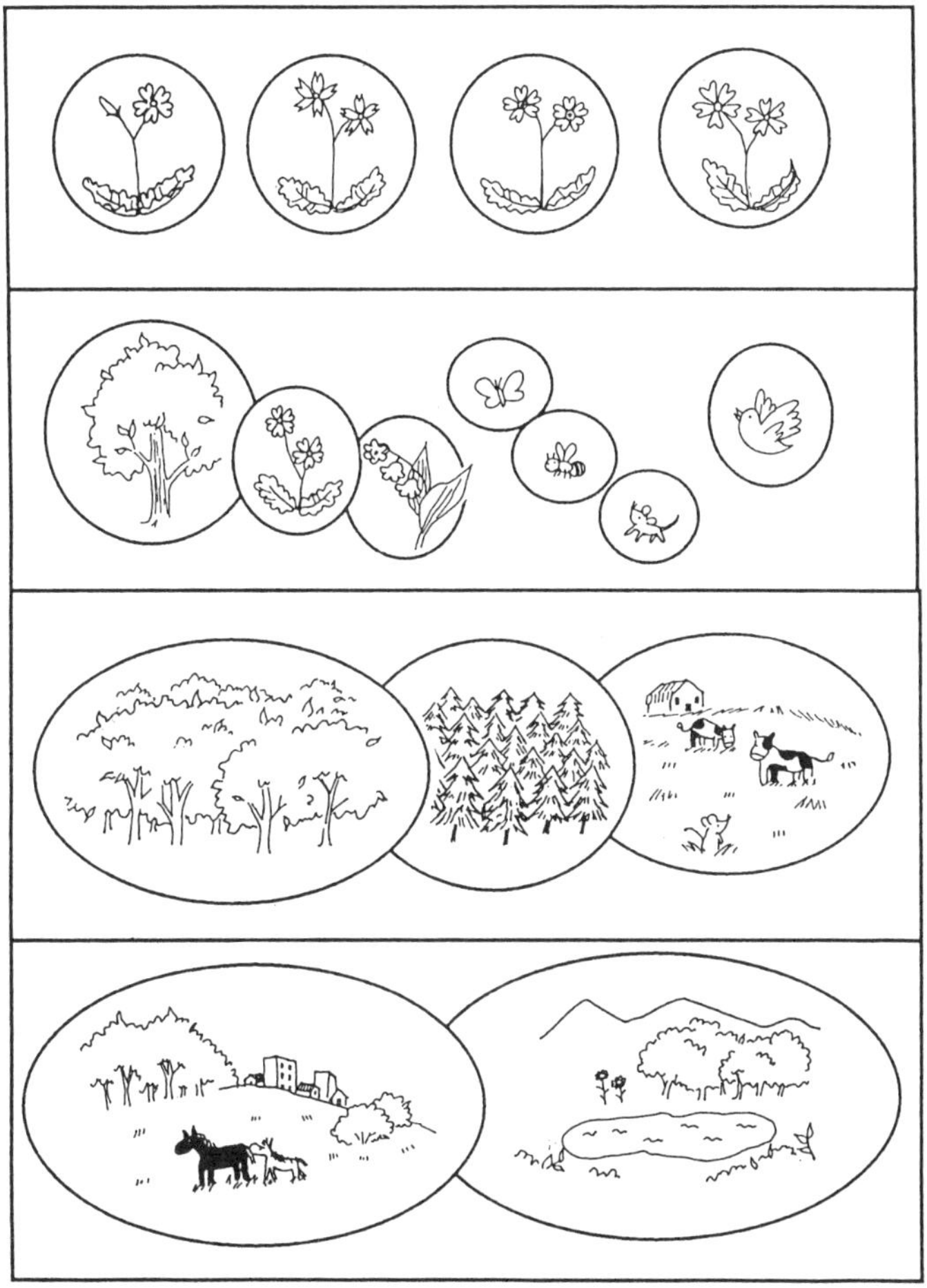

図28　遺伝子から景観まで，階層的な概念がある生物多様性

上から，種内の遺伝的多様性，生育場所(生態系)のなかの種多様性，同じ地域にみられる生育場所の多様性，地域間の景観の多様性を示している．

れである。

しかし、種が絶滅しないまでも、サクラソウの例にも示されるように、限られた個体群だけになったり、個体数が著しく減少したり、またそれに伴い遺伝的な変異も失われるという現象は、おそらく今では野生の植物の多くの種で起こっているはずである。ただ、十分には調査が行われていないので、私たちはそれを十分に認識することはできない。

森林や湿原など生き物の豊かな生息・生育場所や、生態系が次第に少なくなっている。それが、野生の生物の種の存続にとってどのような難しい問題を引き起こすのかを、本書ではサクラソウを例にくわしく述べた。景観は、ヒトの土地の利用のあり方を直接反映する。全地球的に、種の豊かな自然の生態系を多く含む景観が失われ、市街地や農地や荒れ地のみで構成される画一的な景観が、次第に優勢になりつつある。そして、そのような変化はわが国においても急である。飛行機に乗って上空から低地の景色を眺めれば、それを実感することはいともたやすい。

かつては地域の自然（風土）と調和し、地方色豊かであった農村景観が、区画整理による市街地化や圃場整備など農業の近代化をめざす改変によって、画一的な景観へと変えられつつある。当然そこに存在しうる生態系も限られたものになり、そこで生活できる生物の種も限られてくる。雑木林、ため池、茅場など、多様な生育場所を含む伝統的な農業景観の喪失が、現在ではわが国における生物多様性衰退の最も大きな理由の一つとなっている。

生物多様性の喪失が意味するもの

今、地球上の至るところで、あらゆる生物学的階層において、豊かさの喪失と変質が進行している。生物多様性は、そこで失われつつあるものの全体であるといってもよい。サクラソウを例にくわしく述べたように、生物群集のなかに縦横に結ばれている生物間の相互作用、すなわち生物のネットワークは、個体の生存や繁殖成功への影響を介して、それぞれの種の個体群の維持や種内の遺伝的な多様性のあり方にまで大きな影響を及ぼす。

しかし、生物多様性は、それを構成する要素があまりにも多様であり、それらを結ぶネットワークはさらに多様で、複雑に絡み合っている。だから、その全容を科学的に把握することは今は不可能に近い。そのため、科学的な保全目標やモニタリングには、何らかの指標となる種が必要である。生育場所に特有な生態的指標種で、レッドデータブックの記載種であるものなどを保全の指標とすれば、その種の存続のための条件を確保することによって、同じ生育場所の多くの種の存続が保障される。

サクラソウもそのような指標としてふさわしい種である。今のところ、明確で科学的に追求できるとりあえずの生物多様性保全の指針は、「(指標として取り上げた)種を絶滅させないこと」である。しかし、種を絶滅させないために考慮すべきことは、「種」という生物学的階層の内にとどまるものではない。遺伝子から景観まで、すべての生物学的階層で種の衰退の問題をとらえ、分析し、対策を立てることが必要なのである。

生物多様性の危機の評価——レッドリストの種

生物多様性の危機は、すべての生物学的な階層における豊かさの喪失を意味する。しかし、それを最も明瞭な形で表すのは、種の大量絶滅の危険の高まりである。では、この危機を量的に正確に表現することができるのだろうか？　この地球には何種の種が存在して、そのうちの何種が絶滅の危険にさらされているのだろうか？

残念なことに、それを正確に数字で表すことは、難しいということを超え、不可能に近い。なぜならば、地球上に現存する生物種の数を正確に見積もることができないからである。地球上の生物の全種数を数百万種と見積もる研究者もあれば、数千万種とも見積もる研究者もある。さらに、一億種を超える推定値があげられることもある。しかし、そのうちすでに記載済み、つまりその特徴を明記して学術的な名称が与えられた種は百数十万種にすぎない。

ほ乳類、は虫類、鳥類などの脊椎動物や花を咲かせる植物、つまり顕花植物については、地球上の種のかなりの部分がすでに学問的に認知され、名前が与えられている。それでもいまだ時折、新種が報告される。ところが、熱帯雨林の昆虫や深海底の無脊椎動物など、ヒトがアプローチしにくい場所の目立たない生物については、種の把握はほとんど進んでいない。

そこで、種数を推定することになる。その推定は、特別の植物だけを食べるスペシャリストと餌となる植物の範囲が広いジェネラリストとの比率、すでに記載されている種と未記載の種の比率などを調べ、それらの値と熱帯林の樹種の数などを掛け合わせることによって行われる。

しかし、それらの比率も限られた測定値に基づくもので、とても全体を代表する値とは言い難い。だから、得られる値もきわめて大雑把な推定値にすぎず、推定に伴う誤差の大きさを見積もることすら困難なほどである。

新たな種を見い出して、その記載に携わる分類学の研究者が圧倒的に不足している現状では、絶滅のスピードが記載のスピードをはるかに上回っており、残念ながら地球上に存在する種を正確に把握できる見通しはない。だから、地球の生物種全体を対象にして、絶滅率を正確に推定するようなこともできない。

しかし、鳥類など種の把握が進んでいる分類群を対象にすれば、比較的正確な絶滅率を示すこ

表5　絶滅危惧種の割合（「IUCNレッドリスト2004」より）

	総種数	評価対象種数	絶滅危惧種数	評価対象種中の絶滅危惧種の割合（%）
ほ乳類	5,416	4,853	1,101	23
鳥類	9,917	9,917	1,213	12
は虫類	8,163	499	304	61
両生類	5,743	5,743	1,770	31
魚類	28,500	1,721	800	46
脊椎動物計	57,739	22,733	5,188	23
維管束植物	272,655	11,731	8,241	70

とができる。さらに、種の絶滅の危険がかつてなかったほど高まっているという厳然たる事実は、分類群ごと、あるいは地域ごとに次々に編纂されるレッドデータブックに明瞭に表わされている。

地球規模のレッドリストとしては、世界保全連合（IUCN）が作成したものがある。二〇〇四年のレッドリストでは、鳥類と両生類は地球に生息する種のすべてが評価対象とされ、それぞれ一二%および三一%が絶滅のおそれがあるとされた。

日本の維管束植物については、二〇〇〇年七月に環境庁（現、環境省）が発表した植物版レッドデータブックに、絶滅二〇種、野生絶滅五種、絶滅危惧種一六六五種、準絶滅危惧種一四五種がリストアップされた。日本に生育する維管束植物は約七〇〇〇種であるから、絶滅危惧種の比率は、二割を超えていることになる。この数字は、わが国の昨今の生物多様性の衰退がいかにすさまじいものであるかを示すものである。

なお、本書の主人公のサクラソウは、絶滅危惧Ⅱ類（絶滅の危険が増大している）のカテゴリーに含められ、その窮状を7章で紹介したカッコソウは絶滅危惧ⅠB類（近い将来における野生での絶滅の危険性が高い）として掲載されている。

エピローグ

絶滅危惧植物のサクラソウが日本列島から滅び去ることがないようにとの思いから、その暮らしをみつめる研究を続けてきた。その結果、ヒトなどの動物とは大きく異なるクローン植物の生活についての理解が少しずつ深まってきた。また、それに基づいて一つ一つの自生地に合った保全や再生の具体的なプランを提案することができるようになった。

けれども、サクラソウの花があれほど見た目に多様なのはなぜかなど、サクラソウの研究のきっかけともなった興味深い問いには答えを出すことができないばかりか重要なヒントすら得られないでいる。その意味では、サクラソウの生態の研究は、ようやく出発点に立つことができたという段階なのかもしれない。

サクラソウの健全な繁殖には、トラマルハナバチ女王の花粉媒介が必要であることは本書の各所に述べた。ポリネータの衰退に対しては、ポリネータセラピーといった保全管理の必要性も提案した。ところが、この数年の間にポリネータに関しては事態はいっそう深刻化した。サクラソウの大きな個体群が残されている北海道で、トマトなどの施設栽培に利用される外来種のセイヨウオオマルハナバチが定着し、地域によっては在来のマルハナバチとの置き換わりが起こり始めたのである。その導入の当初から、私たちは在来のマルハナバチとは比べものにならないほど強い競争力をもつセイヨウオオマルハナバチが侵入すれば、在来種を排除して置き換わることは必至と考えていた。導入に反対し、また野生化の証拠が見つかった時からモニタリングを続けてきたのはそのためである。

しかし、私たちの努力の甲斐なく、悪い予想は現実となりつつある。北海道では野生化したセイヨウオオマルハナバチが二〇〇二年頃から急速に増加し、セイヨウオオマルハナバチが増えた場所では在来マルハナバチは姿を消しつつある。セイヨウオオマルハナバチの野生巣はあちこちで見つかるが、それらを分析すると、在来マルハナバチに比べて繁殖力がきわめて大きいことがわかる。何ら対策を立てなければ、早晩、在来のマルハナバチとの入れ替わりが起こるだろう。

舌が短く盗蜜癖が強いセイヨウオオマルハナバチには、エゾトラマルハナバチなど舌の長いマルハナバチの代役は務まらない。サクラソウに限らず、在来のマルハナバチ類と密接な関係を結んできた多くの野生の植物にとって、危機はいっそう深まったといわなければならない。セイヨウオオマルハナバチのこれ以上の増加や分布拡大を防ぐことは、緊急の課題である。

サクラソウは、北海道から九州まで、また低地から山地まで、日本列島に広く分布する普通種である。かつては身近な植物であり、江戸時代には園芸植物として多くの品種が作出された。火山との結びつきが強く、火山灰土壌の少なくとも春先に明るい湿った立地であれば、落葉樹林、草原、湿地を問わない。残存している自生地は、主に伝統的に利用管理されてきた草原や落葉樹林などが多い。日本全国に分布し、ありふれた普通種でもあったサクラソウが、現在ではレッドデータブックに絶滅危惧Ⅱ類として掲載されるほどにまで衰退してしまった。植物のレッドデータブックには、クローン成長する虫媒の多年生の草本植物が多く含まれている。生育場所の分断・孤立化に伴う個体群の縮小や孤立化は、固着性の生物である植物では動物にはない遺伝的な問題をもたらす可能性がある。

クローン成長し、異型花柱性という虫媒の特殊な他殖促進機構をもつサクラソウをはじめとするサクラソウ属の植物は、それらの研究上のモデルとしてふさわしい。とりわけサクラソウは、異型花柱性のさまざまな崩壊や変質も認められるサクラソウ属において、典型的な異型花柱性を残している種であり、植物の絶滅過程における繁殖特性や生物間相互作用の意義を明らかにする研究のモデルとしてだけではなく、異型花柱性という興味深い繁殖システムの進化や維持機構を解明するためのモデル植物としても得難い研究材料である。サクラソウとサクラソウ属の植物の研究が、今後も植物の保全と進化に関するさまざまな謎を解きあかしながら多様な人々を巻き込んでいくことを願いたい。

あとがき

ガーデニング、ハーブ、アロマセラピーなどがブームとなり、花屋さんの店先には、今までみたこともないような外国産の新しい花や観葉植物があふれている。それは、今ほどヒトが緑や花との触れ合いを渇望している時代はない、ということを示しているのかもしれない。

そんな園芸植物や観賞用植物の隆盛とは対照的に、野の花たちは、まさに受難の時を迎えている。秋の七草のフジバカマやキキョウ、江戸の町の人々が花見で親しんだサクラソウなど、かつてのごくふつうの野草が、今では絶滅危惧植物である。この本を記そうと思った第一の動機は、そんな野の花の窮状を多くの方たちに知っていただき、自然と文化の接点に咲くともいえる野の花を滅ぼすことなく、あとに続く世代に受け継ぐ途を探りたいという切望である。

もう一つの動機は、生物多様性保全のための学問である保全生態学をわかりやすく解説する本をつくる必要性を感じたことである。九州大学の矢原徹一教授との共著として一九九六年の春に出版した『保全生態学入門――遺伝子から景観まで』（文一総合出版）は、たいへんありがたいことに、思いがけないほどたくさんの方たちにお読みいただき、日本ではじめての保全生態学の教科書としての役割を多少は果たしているようだ。

一方で、「入門」といいながら内容が専門的すぎて理解しづらい、「保全生態学入門」の入門書をつくってほしい、というご要望も少なからず寄せられた。「入門」の入門書とは、どのようなものであるのだろうかとしばらく悩んだ末、具体的な材料を取り上げてその保全のために考慮すべきことがらをその材料に即して述べるという、本書のような形式に思い至った。私が書くとすれば、具体的な材料としては、一五年来研究を続けているサクラソウをおいてほかにはない。

二つの動機が合わさって、本書、『サクラソウの目——保全生態学とは何か』が誕生した。

幸い、地人書館の塩坂比奈子さんが編集をお引き受けくださった。大学院で生態学の研究に取り組んだ経験をお持ちの塩坂さんと私は、エコロフィリア（生態学好き）の同志として、互いによく理解し合いながら能率よく共同作業を進めることができ、思い着いてから一年たつかたたないかのうちに本書が完成した。

『保全生態学入門——遺伝子から景観まで』と同様に、本書でも、適応進化と生物間相互作用の理解こそ保全生態学の基礎である、という視点が貫かれている。本書が、より広い範囲の読者に読まれ、保全生態学の普及、発展、実践、すなわち、生物多様性の保全に少しでも寄与することができれば、著者としてはそれに勝る喜びはない。

さて、本書で紹介したサクラソウの研究では、たくさんの方たちに共同研究者になっていただいたり、さまざまな面から研究を助けていただいた。

サクラソウの研究を始めて間もない頃、ごいっしょにフィールド調査をさせていただいた恩師の佐伯敏郎先生（東京大学名誉教授）、山崎史織博士、私が筑波大学に移った後、終始研究を見守り励まし続けてくださった岩城英夫先生（筑波大学名誉教授）、共同研究者としてサクラソウに関する論文の共著者になってくださった蒲谷肇、生井兵治、大澤良、丹羽勝、加藤真、鈴木和雄、柿嶌真、大串隆之の各博士および筑波大学の院生・学生の西廣淳さん、高橋ひとみさん、岡山泰史さん、佐藤景子さん、大塚敦子さん、サクラソウの研究プロジェクトに参加してくださった、小野正人、徳永幸彦、牧雅之、増田理子、工藤岳の各博士およびニューヨーク州立大学のジェームズ・トムソン教授ご夫妻、田島ヶ原サクラソウ自生地での調査の機会を与えてくださった浦和市教育委員会、八ヶ岳山麓での調査でたいへんお世話になった黒田吉雄博士ほか筑波大学の八ヶ岳演習林の皆様、北海道門別町での私たちの研究を支えてくださった小川和枝さん、伊藤牧場の皆様、誉田祥子さんとお母様、中公幹朗さん、民宿夢民村の福原さんご夫妻、水野雅夫さんほかのたくさんの方々、佐久の調査地でお世話になった鈴木章さん、土屋さんご一家ほかの皆様、カッコソウの保全のための研究を兼ねた実践でお世話になっている富沢美和さん、寺内さんご夫妻、朝倉陽一さん、マルハナバチの調査でお世話になった光畑雅宏さん、米田昌浩さん、また、お名前を一人ずつあげることは限られた紙面のため割愛させていただくが、これまで研究室に所属してサクラソウの調査に加わってくださった山下葉子さん、松村千鶴さん、荒木佐智子さんほか、学生・院生の皆さん、さらには私の研究をいろいろな面から支えてくださったすべての皆様に、この場を借りて深くお礼を申し上げたい。これらのすべての皆様のご助力・ご援助なしには、本書は決して生まれることがなかったはずである。

本書のサクラソウ園芸に関する事項の執筆に関して資料を提供してくださり、またすばらしい口絵写真をお貸しくださった浪華さくらそう会の山原茂会長ほかの皆様にも、厚くお礼を申し上げなければならない。

最後に、カバー、口絵のほか、たくさんのすばらしいイラストを描いてくださった松村千鶴さんと校正刷りを読んで意見を聞かせてくれた西廣淳さん、サクラソウ研究での夢をしばらく私と共有することになったお二人に、もう一度お礼を申し上げたい。

一九九八年　春立つ日に

鷲谷いづみ

第2版のあとがき

『サクラソウの目』初版を出版した後も、サクラソウの保全生態学の研究は今日まで続いている。改訂の機会をいただいたので、ポスト初版の主要な成果を9章と10章に記した。分子遺伝マーカーが開発されたことにより、サクラソウの地理的変異から個体群内の遺伝的多様性までの階層的な遺伝的変異が把握され、サクラソウの仮の保全単位を提案できるようになったこと、トラマルハナバチによる送粉や種子分散に伴う遺伝子流動が測定できるようになったこと、空間的な遺伝構造が把握できたこと、などである。

このような遺伝的な特性も含めて、サクラソウの生態に関する知識がいっそう増し、それぞれの地域のサクラソウの保全に関して、より有効な処方箋を書くことができるようになった。一方で、いくつかの地域において、サクラソウ保全の機運が高まり、自生地の再生にも積極的に取り組む方たちが増えてきた。サクラソウとの意図的な共生をめざす動きにはずみがつきつつあることは、たいへんうれしいことである。

悪いニュースもある。それは、トマトの受粉用に輸入されたセイヨウオオマルハナバチが逸出して北海道では広く野生化し、在来のマルハナバチとの置き換わりが始まっていることである。北海道における私たちの主なサクラソウのフィールドでも、セイヨウオオマルハナバチが目立つようになった。サクラソウにとって重要な送粉昆虫であるエゾトラマルハナバチとセイヨウオオマルハナバチは、ネズミの古巣などといった営巣場所が共通している。もし、セイヨウオオマルハナバチとの競争によってエゾトラマルハナバチが衰退すれば、サクラソウの健全な種子生産がいっそう難しくなる可能性がある。舌が短く盗蜜癖のあるセイヨウオオマルハナバチには、エゾオオマルハナバチの代役はつとまらないからだ。フィールドとその周辺で駆除の努力をしているものの、その勢いには押されがちである。

このような状況は、生物多様性保全の取り組みすべてに共通することであるともいえる。保全・再生の機運の高まりがみられる一方で、生息・生育場所の分断孤立化、外来種の影響などはいっそう強まりつつある。ここ数年、あるいは十数年の間に、前者が後者を圧倒するような状況をつくりださなければならないだろう。

第2版に新たに書き加えた研究では、分子遺伝マーカーの開発をしてくださった上野真義博士と井鷺裕司博士、博士論文のテーマとして東京大学、筑波大学でサクラソウの研究に取り組んだ石濱史子博士、本城正憲博士、北本尚子博士、中村真由美さん、プロジェクト研究のメンバーとしてご尽力くださった岸野洋久博士、津村義彦博士、大澤良博士、竹中明夫博士、南正人博士、西廣美穂博士、永井美穂子さんほかが活躍してくださった。鳥取県西部希少野生植物保全調査会の小西毅会長、野津昭さん、浜田幸夫さん、山脇一正さんをはじめとする鳥取県西部での保全活動にご尽力いただいている皆様、軽井沢の「サクラソウ会議」の皆様にも深い感謝の意を表したい。
また、初版同様、版を改めるにあたっても、地人書館の塩坂比奈子さんにたいへんお世話になった。ここに記して改めて感謝の意を表したい。

二〇〇六年四月

鷲谷いづみ

Japan. *Mycoscience* **36**：239-241.

Washitani, I., Okayama, Y., Sato, K., Takahashi, H. and Ogushi, T.（1996）. Spatial variation in female fertility related to interactions with flower consumers and pathogens in a forest metapopulation of *Primula sieboldii*. *Researches on Population Ecology* **38**：249-256.

鷲谷いづみ・大串隆之 編（1994）『動物と植物の利用しあう関係』, 平凡社.

9，10章

鷲谷いづみ編（2006）『サクラソウの分子遺伝生態学 —— エコゲノムプロジェクトの黎明』，東京大学出版会.

11章

Callicott, J. B.（1990）Whither conservation ethics? *Conservation Biology* **4**：15-20.

Malakoff, D. A.（1997）Agency says dam should come down. *Science* **277**：pp.762.

Millennium Ecosystem Aassessment（2005）Ecosystems and Human Well-being: General Synthesis.
http://www.millenniumassessment.org/proxy/Document.356.aspx

Vitouseck, *et al*.（1997）Human domination of earth's ecosystem. *Science* **277**：494-499.

鷲谷いづみ（1996）生物多様性と生態系の機能・安定性，保全生態学研究 **1**：101-114.

Wilson, E. O.（1992） The Diversity of Life. W.W. Norton & Company, New York. ［邦訳：E.O. ウィルソン『生命の多様性』Ⅰ,Ⅱ，岩波書店］.

Wilson, E. O. and Peter, F. M.（eds.）（1988） Biodiversity. National Academy Press, Washington D.C.

4章

Crawley, M. J. ed.（1997）Plant ecology. 2nd ed. Blackwell Science Publications, London.

井上健・湯本貴和 編（1992）『昆虫を誘いよせる戦略 ── 植物の繁殖と共生』，平凡社.

井上民二・加藤真 編（1993）『花に引き寄せられる動物』，平凡社.

5章

Darwin, C.（1877）The different forms of flowers on plants of the same species. J. Murray, London.

鷲谷いづみ（1992）「異型花柱性植物の種子繁殖と送粉」『昆虫を誘いよせる戦略 ── 植物の繁殖と共生』（井上健・湯本貴和 編），平凡社，pp.115-138.

6章

Washitani, I.（1996）Predicted genetic consequences of strong fertility selection due to pollinator loss in an isolated population of *Primula sieboldii* an endangered heterostylous species. *Conservation Biology* **10**：59-64.

Washitani, I., Namai, H., Osawa, R. and Niwa, M.（1991）Species biology of *Primula sieboldii* for the conservation of its lowland-habitat population: I. Inter-clonal variations in the flowering phenology, pollen load and female fertility components. *Plant Species Biology* **6**：27-37.

Washitani, I., Osawa, R., Namai, H. and Niwa, M.（1994）Patterns of female fertility in heterostylous *Primula sieboldii* under severe pollinator limitation. *Journal of Ecology* **82**：571-579.

7章

Washitani, I., Kato, M., Nishihiro, J. and Suzuki, K.（1994）Importance of queen bumble bees as pollinators facilitating inter-morph crossing in *Primula sieboldii*. *Plant Species Biology* **9**：169-176.

鷲谷いづみ・鈴木和夫・加藤真・小野正人（1997）『マルハナバチハンドブック』，文一総合出版.

8章

Kakishima, M., Yamazaki, Y., Okayama, Y. and Washitani, I.（1995）*Urocystis tranzscheliana*, a newly recorded smut fungus on *Primula sieboldii* from

参考文献・書籍

全体を通じたもの

Howe, H. F. and Westley, L. C.（1988）Ecological relationships of plants and animals. Oxford University Press, Oxford.

Hunter, M. L.（1995）Fundamentals of conservation biology. Blackwell Science. Massachusetts.

McNeeley, J. A., Miller, K. R., Reid, W. V., Mittermeier, R. A. and Werner, T. B.（1990）Conserving the world´s biological diversity. IUCN, Gland, Swizerland; WRI, CI, SSF-US and the World Bank, Washington, D.C.

鷲谷いづみ・矢原徹一（1996）『保全生態学入門 ── 遺伝子から景観まで』，文一総合出版．

鷲谷いづみ編（2006）『サクラソウの分子遺伝生態学 ── エコゲノムプロジェクトの黎明』，東京大学出版会．

1章

浪華さくらそう会（1990）特集・櫻草作傳法，浪華さくらそう会誌，第25号 1-20.

2章

Richards, J.（1993）Primula. B. T. Batsford Ltd. London.

Robinson, M. A.（1990）Primulas：the complete guide. Crowood Press Ltd. Wiltshire.

山崎敬（1981）「サクラソウ科」『日本の野生植物』（佐竹義輔ほか 編）Ⅲ，pp.16-25.

3章

Silvertown, J. W. and Lovett Doust J.（1995）Introduction to plant population biology. Blackwell Scientific Publications. London.

Washitani, I. and Kabaya, H.（1988）Germination responses to temperature responsible for the seedling emergence seasonality of *Primula sieboldii* E. Morren in its natural habitat. *Ecological Research* **3**：9-20.

鷲谷いづみ（1996）『オオブタクサ、闘う』，平凡社．

ヤ行

ラ行

ワ行

ナ行

ハ行

マ行

タ行

サ行

索　引

ア行

カ行

イラスト・写真

●口絵イラスト

松村千鶴

●口絵写真

藤井紀行：エゾコザクラ，ミチノクコザクラ，ヒナザクラ

山原茂(浪華さくらそう会)： 梅ヶ枝，芙蓉，豊旗雲，旭鶴，吹上桜，桜草花壇

静嘉堂文庫美術館　尾形光琳「四季草花図小屏風」

萬野美術館：中村芳中「花鳥人物図扇面貼交屏風」

西廣淳：柱頭上の花粉

鷲谷いづみ：その他の写真

●本文イラスト

松村千鶴 ： p.20，40，51，62，76，79，89，106，122，124，127，137，139

鷲谷桂：p.42，94，129，211

鷲谷いづみ：p.46，78，83，85，105，110，153

加藤真：p.133

●本文写真

高橋ひとみ：p.61

西廣淳：p.109

丸井英幹：p.125

加藤真：p.132

鷲谷いづみ：p.136，143，158，169

著 者 紹 介

鷲谷いづみ（わしたに・いづみ）

1950年，東京で生まれる．東京大学理学部卒業，東京大学大学院理学系研究科修了（理学博士）．筑波大学助教授を経て，現職，東京大学大学院教授．

研究室のたくさんの院生・学生とともに，種子の休眠・発芽戦略や異型花柱性など，植物の生活史の進化を研究テーマとする一方で，絶滅危惧植物の保全や植生復元など，保全生態学の研究にも取り組んでいる．研究対象としている絶滅危惧種は，サクラソウ，カッコソウ，マイヅルテンナンショウ，アサザ，フジバカマ，チョウジソウ，カワラノギクなど．

土壌シードバンクを用いた水辺の植生の再生には，研究としてだけでなく実践に大きな夢を描いている．土壌シードバンクの潜在的な力を引き出す方法についても研究．

理想の趣味，つまり，時間が十分にあればぜひ趣味にしたいことは，オペラ（オペレッタも）鑑賞とエコロジカルな園芸．現実の趣味，つまり，研究・教育などの仕事以外に一番多くの時間を使っていることは，文筆と朝の連続テレビ小説の鑑賞．

本を書くのはとりわけ面白く，ぜいたくな趣味だと思っているので，忙しい日常にわずかに残された余暇時間にはだいたい執筆を楽しんでいる．

サクラソウの目 第2版
繁殖と保全の生態学

2006年5月31日　初版第1刷

著　者　鷲谷いづみ
発行者　上條　宰
発行所　株式会社　**地人書館**
〒162-0835　東京都新宿区中町15番地
電話　03-3235-4422
FAX　03-3235-8984
郵便振替　00160-6-1532
URL　http://www.chijinshokan.co.jp/
e-mail　chijinshokan@nifty.com

印刷所　平河工業社
製本所　イマヰ製本

© Izumi Washitani 2006. Printed in Japan
ISBN4-8052-0775-2 C3045

JCLS 〈㈱日本著作出版権管理システム委託出版物〉
本書の無断複写は著作権法上での例外を除き禁じられています。複写される場合は、そのつど事前に㈱日本著作出版権管理システム（電話 03-3817-5670、FAX 03-3815-8199）の許諾を得てください。

●好評既刊

外来種ハンドブック

日本生態学会 編／村上興正・鷲谷いづみ 監修
B5判／カラー口絵四頁＋本文四〇八頁
本体四〇〇〇円（税別）

生物多様性を脅かす最大の要因として，外来種の侵入は今や世界的な問題である．本書は，日本における外来種問題の現状と課題，管理・対策，法制度に向けての提案などをまとめた，初めての総合的な外来種資料集．執筆者は，研究者，行政官，NGOなど約160名，約2300種に及ぶ外来種リストなど巻末資料も充実．

生物多様性緑化ハンドブック

豊かな環境と生態系を
保全・創出するための計画と技術

亀山章 監修／小林達明・倉本宣 編集
A5判／三四〇頁／本体三八〇〇円（税別）

外来生物法が施行され，外国産緑化植物の取扱いについて検討が進んでいる．本書は日本緑化工学会気鋭の執筆陣が，従来の緑化がはらむ問題点を克服し生物多様性豊かな緑化を実現するための理論と，その具現化のための植物の供給体制，計画・設計・施工のあり方，これまで各地で行われてきた先進的事例を多数紹介する．

ちょっと待ってケナフ！これでいいのビオトープ？

よりよい総合的な学習，体験活動をめざして

上赤博文 著
A5判／一八四頁／本体一八〇〇円（税別）

「環境保全活動」として急速に広がりつつあるケナフ栽培やビオトープづくり，身近な自然を取り戻そうと放流されるメダカやホタル．しかしこれらの行為がかえって環境破壊につながることもある．本書は生物多様性保全の視点から生き物を扱うルールについて掘り下げ，今後の自然体験活動のあり方を提案する．

ミジンコ先生の水環境ゼミ

生態学から環境問題を視る

花里孝幸 著
四六判／二七二頁／本体二〇〇〇円（税別）

湖沼生態系の重要な構成員であるプランクトンを中心とした，生き物と生き物の間の食う-食われる関係や競争関係などの生物間相互作用を介して，水質など物理化学的環境が変化し，またそれが生き物に影響を及ぼし，水環境が作られる．総合的な視点から，富栄養化や有害化学物質汚染などの水環境問題の解決法を探っていく．

●ご注文は全国の書店、あるいは直接小社まで

㈱地人書館　〒162-0835 東京都新宿区中町15　TEL 03-3235-4422　FAX 03-3235-8984
E-mail=chijinshokan@nifty.com　URL=http://www.chijinshokan.co.jp